"十一五"国家计算机技能型紧缺人才培养培训教材
教育部职业教育与成人教育司
全国职业教育与成人教育教学用书行业规划教材

新编
中文版
Dreamweaver CS3
标准教程

策划／WISBOOK 海洋智慧图书
编著／施博资讯

光盘内容
立体演示 75 个典型范例制作的全过程教学视频文件
练习素材和重点实例设计流程图

U0146775

Dw

海洋出版社
北京

内 容 简 介

本书是专为想在短期内通过课堂教学或自学快速掌握中文版 Dreamweaver CS3 的使用方法和技巧而编写的标准教程。作者从自学与教学的实用性、易用性出发，用典型的实例、边讲解边操作，详细地展示了 Dreamweaver CS3 的强大功能。

本书内容：全书由 11 章构成，通过精心设计的典型实例和课堂实训的实际制作，形象直观地介绍了中文版 Dreamweaver CS3 基本应用，网站与网站开发，网页文本编排与设置，表格制作、美化与自动化处理，图像与媒体内容的应用，用 CSS 样式布局页面，框架与链接的应用，制作行为、AP 元素、时间轴和 Spry 特效，动态网页的开发，个人网站主页设计，网站留言板设计。

本书特点：1. 基础知识讲解与范例操作紧密结合贯穿全书，边讲解边操练，学习轻松、上手容易；2. 提供实例设计方法和设计思路，激发读者动手欲望，注重学生动手能力和实际应用能力的培养；3. 实例典型，任务明确，活学活用；4. 每章后面都配有练习题和实践要求，利于巩固所学知识和创新。

适用范围：全国职业院校网页设计专业课教材，社会网页设计培训班用书；从事网页设计的广大初、中级人员实用的自学指导书。

光盘内容：立体演示 75 个典型范例制作的全过程教学视频文件、练习素材和重点实例设计流程图。

图书在版编目（CIP）数据

新编中文版 Dreamweaver CS3 标准教程/施博资讯编著. —北京：海洋出版社，2008.10
ISBN 978-7-5027-7120-1

Ⅰ.新… Ⅱ.施… Ⅲ.主页制作—图形软件，Dreamweaver CS3—教材 Ⅳ.TP393.092

中国版本图书馆 CIP 数据核字（2008）第 147945 号

总 策 划：WISBOOK		发 行 部：（010）62132549　（010）62113858
责任编辑：刘　斌		（010）62174379（传真）　86489673
责任校对：肖新民		技术支持：www.wisbook.com/bbs
责任印制：周京艳　魏志新		网　　址：www.wisbook.com
光盘制作：施博资讯		承　　印：北京海洋印刷厂印刷
光盘测试：刘　斌		版　　次：2008 年 10 月第 1 版
排　　版：海洋计算机图书输出中心　晓阳		2008 年 10 月第 1 次印刷
		开　　本：787mm×1092mm　1/16
出版发行：海洋出版社		印　　张：15
地　　址：北京市海淀区大慧寺路 8 号（716 房间）		字　　数：377 千字
100081		印　　数：1～3000 册
经　　销：新华书店		定　　价：30.00 元（含 1CD）

本书如有印、装质量问题可与发行部调换

"十一五"国家计算机技能型紧缺人才培养培训教材

编 委 会

主 任 吴清平 杨绥华

编 委 (排名不分先后)

韩立凡 孙振业 王 勇 左喜林 周京艳

李燕萍 姜大鹏 刘 斌 战晓雷 钱晓彬

黄梅琪 韩颖鹤 韩 联 韩中孝 蒋湘群

董淑红 刘桂英 张 洁

策 划 WISBOOK 海洋智慧图书

丛 书 序 言

　　计算机技术是推动人类社会快速发展的核心技术之一。在信息爆炸的今天，计算机、因特网、平面设计、三维动画等技术强烈地影响并改变着人们的工作、学习、生活、生产、活动和思维方式。利用计算机、网络等信息技术提高工作、学习和生活质量已成为普通人的基本需求。政府部门、教育机构、企事业、银行、保险、医疗系统、制造业等单位和部门，无一不在要求员工学习和掌握计算机的核心技术和操作技能。据国家有关部门的最新调查表明，我国劳动力市场严重短缺计算机技能型技术人才，而网络管理、软件开发、多媒体开发人才尤为紧缺。培训人才的核心手段之一是教材。

　　为了满足我国劳动力市场对计算机技能型紧缺人才的需求，让读者在较短的时间内快速掌握最新、最流行的计算机技术的操作技能，提高自身的竞争能力，创造新的就业机会，我社精心组织了一批长期在一线进行电脑培训的教育专家、学者，结合培训班授课和讲座的需要，编著了这套为高等职业院校和广大的社会培训班量身定制的《"十一五"国家计算机技能型紧缺人才培养培训教材》。

一、本系列教材的特点

1. 实践与经验的总结——拿来就用

　　本系列书的作者具有丰富的一线实践经验和教学经验，书中的经验和范例实用性和操作性强，拿来就用。

2. 丰富的范例与软件功能紧密结合——边学边用

　　本系列书从教学与自学的角度出发，"授人以渔"，丰富而实用的范例与软件功能的使用紧密结合，讲解生动，大大激发读者的学习兴趣。

3. 由浅入深、循序渐进、系统、全面——为培训班量身定制

　　本系列教材重点在"快速掌握软件的操作技能"、"实际应用"，边讲边练、讲练结合，内容系统、全面，由浅入深、循序渐进，图文并茂，重点突出，目标明确，章节结构清晰、合理，每章既有重点思考和答案，又有相应上机操练，巩固成果，活学活用。

4. 反映了最流行、热门的新技术——与时代同步

　　本系列教材在策划和编著时，注重教授最新版本软件的使用方法和技巧，注重满足应用面最广、需求量最大的读者群的普遍需求，与时代同步。

5. 配套光盘——考虑周到、方便、好用

　　本系列书在出版时尽量考虑到读者在使用时的方便，书中范例用到的素材或者模型都附在配套书的光盘内，有些光盘还赠送一些小工具或者素材，考虑周到、体贴。

二、本系列教材的内容

1. 新编中文版 Dreamweaver MX 标准教程（含 1CD）
2. 新编中文版 Flash MX 标准教程（含 1CD）
3. 新编 Authorware 6.5 标准教程（含 1CD）
4. 新编 3ds max 5 标准教程（含 1CD）
5. 新编中文版 AutoCAD 2002 标准教程（含 1CD）
6. 新编中文版 AutoCAD 2004 标准教程（含 1CD）
7. 新编中文版 Photoshop 7 标准教程（含 1CD）

三、读者定位

本系列教材既是全国高等职业院校计算机专业首选教材，又是社会相关领域初中级电脑培训班的最佳教材，同时也可供广大的初级用户实用自学指导书。

2004 年海洋出版社强力启动计算机图书出版工程！倾情打造社会计算机技能型紧缺人才职业培训系列教材、品牌电脑图书和社会电脑热门技术培训教材。读者至上，卓越的品质和信誉是我们的座右铭。热诚欢迎天下各路电脑高手与我们共创灿烂美好的明天，蓝色的海洋是实现您梦想的最理想殿堂！

希望本系列书对我国紧缺的计算机技能型人才市场和普及、推广我国的计算机技术的应用贡献一份力量。衷心感谢为本系列书出谋划策、辛勤工作的朋友们！

教材编写委员会

前　　言

Dreamweaver CS3 是 Adobe 公司最新推出的 Adobe Creative Suite 3 中重要的组成软件，是世界上最优秀的可视化网页设计制作工具和网站管理工具之一，与老版本相比，Dreamweaver CS3 包含完整的 CSS 支持、集成的编码环境、用于构建动态用户界面的 Ajax 组件，以及与其他 Adobe 软件的智能集成的新特性。它是一款专门用于 Web 网页设计的软件，具有界面友好、易学易用的优点，拥有广大的用户群体。借助 Dreamweaver CS3 软件，可以轻松、快速地完成设计、开发和维护网站以及 Web 应用程序的全过程。

本书以"基础知识+典型实例"相结合的方式，全面讲解了 Dreamweaver CS3 网页设计的操作和技巧。通过书中理论与实践相结合的教学方法，不仅可以轻松掌握 Dreamweaver CS3 的基本操作，还能深刻理解各种功能属性设置的作用，以及掌握动态网页设计的各方面技巧。

全书分为 11 章，第 1 章介绍 Dreamweaver CS3 的新功能、Dreamweaver CS3 的工作界面，以及 Dreamweaver CS3 的文件管理基础。第 2 章介绍网站与网站开发，包括使用 Dreamweaver CS3 创建、管理本地 Web 网站，网站地图的管理，以及维护与发布网站的方法。第 3 章介绍在网页中输入与设置文本、文本段落的编排、制作列表文本，以及输入特殊文本符号的操作方法，最后再介绍网页文本检查、查找与替代的技巧。第 4 章介绍通过绘制布局表格规划网页版面，然后介绍使用标准表格编排网页内容，以及表格的美化与自动化处理技巧。第 5 章介绍在网页中插入图像和添加多媒体对象的方法，其中图像部分包括插入图像并设置其属性，以及图像占位符、鼠标经过图像和导航条等图像对象的制作；而多媒体部分则包括添加 Flash 动画、Flash 文字、Flash 按钮、图像查看器等。第 6 章介绍 CSS 样式的起源、类型和设置规则，创建三种不同类型的 CSS 规则和附加样式表的方法，最后通过三个实例介绍 CSS 滤镜特效的应用。第 7 章首先介绍了框架集和框架的相关知识、框架式页面布局设计，以及调整与编辑框架页的方法。接着介绍为网页插入各式超链接的操作技巧。第 8 章介绍行为、AP 元素（层）与时间轴三者的应用，以及结合此三者而产生的各种网页动态特效，最后再介绍了解 Dreamweaver CS3 新增的 Spry 网页布局动态特效的应用技巧。第 9 章主要介绍用数据库管理站点数据的应用，配置站点服务器、创建站点数据库、为网页添加表单元件以及在页面中显示数据库记录的方法。第 10 章通过制作个人网站主页为例，介绍由新建网页、版面布局设计、网页内容编排、添加多媒体动态特效等一系列操作，从无到有完成一个精美的网页制作。第 11 章通过网站留言板为例，介绍如何通过 Dreamweaver CS3 的动态应用程序制作留言显示模块、添加留言、留言回复等动态模块的操作方法，掌握 Dreamweaver CS3 的动态网页设计技巧。

本书由资深 Dreamweaver 网页设计专家精心规划与编写，具有以下特点：

● **内容新颖**　本书采用最新版本的 Dreamweaver CS3 作为教学软件，以"基础知识+典型实例"的方式介绍软件操作与应用，并配合新功能的使用，扩展了学习范围，掌握更多的应用方法。

- **主题教学** 针对读者学习的需求，本书使用了大量的实例进行教学讲解，并以明确的主题形式呈现在各章中，读者可以通过主题的学习，掌握 Dreamweaver CS3 的实际应用，同时强化软件的使用。

- **多媒体教学** 本书提供精美的多媒体教学光盘，光盘将书中各个实例进行全程视频演示并配合清晰语音的讲解，让读者体会到身临其境的课堂训练感受，同时提高读者真正动手操作的能力。

- **超强实用性** 本书的章节结构经过精心安排，依照最佳的学习流程和学习习惯进行教学。书中各章均提供教学目标和教学重点，对各章的学习进行预先说明，以指导读者目的明确的学习本书。

本书由广州施博资讯科技有限公司（www.cbookpress.cn）组织编写，参与本书编写和光盘制作工作的分别有吴颂志、黎文锋、黄活瑜、范逸飞、梁锦明、林业星、刘嘉、黄俊杰、梁颖思等，在此一并谢过。在本书的编写过程中，我们力求精益求精，但难免存在一些不足之处，敬请广大读者批评指正。

编　者

目 录

第 1 章 认识 Dreamweaver CS3

 教学目标

认识和掌握 Dreamweaver CS3 的全新功能和操作界面的应用。

 教学重点与难点

➤ Dreamweaver CS3 的新功能
➤ 各种工具和面板的作用
➤ 创建、打开、保存、另存文档
➤ 设置页面属性、编辑浏览器列表和预览网页

1.1 Dreamweaver CS3 的新功能

在网页设计工具软件中享有盛誉的 Dreamweaver 现在推出了新的版本 Adobe Dreamweaver CS3，这是在加入 Adobe 大家庭后首次推出的新产品。Dreamweaver CS3 在老版本的基础上已经变化了不少，增加了许多新功能，简介如下。

1.1.1 强大的 Spry 动态设计

Dreamweaver CS3 的新功能中，比较明显的升级是基于 Ajax 技术的 Spry 应用，在 Dreamweaver CS3 中新增加了【Spry】插入面板，其中包括 "Spry 数据"、"Spry 窗口组件" 和 "Spry 框架" 三组功能。除了这三种 Spry 应用，Dreamweaver CS3 的【行为】面板还新增了一组 "Spry 效果"，以下将分项介绍各种构件。

● **Spry 数据**：Spry 数据包括 "XML 数据集"、"Spry 区域"、"Spry 重复项"、"Spry 重复列表" 和 "Spry 表" 五种类型。在设计动态网页的时候，可以使用 XML 从 RSS 或数据库将数据集成到 Web 网页中，集成的数据很容易排序和过滤。具体的操作可以理解为，先为页面定义 "Spry" 数据库（或现有的 RSS 服务），再在网页中添加 "Spry 数据" 集。

● **Spry 窗口组件**：利用 Spry 框架的窗口组件，可以轻松地将常见界面组件添加到 Web 页中。Spry 窗口组件包括 "Spry 验证文本域"、"Spry 验证选择"、"Spry 验证复选框" 和 "Spry 验证文本区域" 四种。

● **Spry 框架**：在 Dreamweaver CS3 中使用合适的 Spry 框架，以可视方式的设计、开发和部署动态的用户界面。这样就能够在减少页面刷新的同时，增加交互性、速度和可用性。

● **Spry 效果**：Spry 效果是 Dreamweaver CS3 提供的一组全新的互动式行为功能，这些功能放置在【行为】面板中，借助适合于 Ajax 的 Spry 效果，能够轻松地向页面元素添加视觉过渡，以使它们扩大选择、收缩、渐隐、高光等操作。

在 Web 2.0 的大背景下，Ajax Spry 框架是 Adobe 公司推出的核心布局框架技术。Ajax 允许页面的局部领域被刷新，提高了站点的易用性。Spry 应用了少量的 JavaScript 和 XML，但是 Spry 框架是以 HTML 为中心的，因而只要具有 HTML、CSS、JavaScript 基础知识的用户就可以方便地使用。

1.1.2 全新的 CSS 设计支持

Dreamweaver CS3 进一步强化了 CSS 的应用功能，既为初学者提供了预备 CSS 样式的新文件模板，也为喜欢程序开发的用户提供了技术交流网站，还增强了 CSS 的布局和管理操作，为网页开发人员提供了更高效、便捷的 CSS 设计环境。下面将介绍"CSS Advisor 网站"、"CSS 布局"、"CSS 管理"，具体如下。

- **CSS Advisor 网站**：Adobe 公司为 WEB 开发人员推出了全新的 CSS Advisor 网站（http://www.adobe.com/go/cssadvisor），该网站不但有 CSS Advisor 信息和常见问题的解决方案，还提供开发人员交流 CSS 应用技术和见解。
- **CSS 布局**：Dreamweaver CS3 提供一组预先设计的 CSS 布局，这些布局可以帮助用户快速设计好页面并运行，并且在 CSS 布局的代码中提供了丰富的内联注释帮助用户了解 CSS 页面布局。
- **CSS 管理**：Dreamweaver CS3 允许 CSS 规则代码自由移动，使用 CSS 管理能够轻松移动 CSS 代码，从行中到标题，从标题到外部表，从文档到文档，或在外部表之间。这样既方便调整 CSS 的位置，也可将不需要的 CSS 样式清除。

1.1.3 整合的工作环境

Adobe 公司将图像处理、WEB 设计、动画制作等应用软件组合成强大的 Creative Suite 3.0 工作平台，其中 WEB 设计工作由 Dreamweaver CS3 担当。作为一个完整而强大的设计平台，使用 Dreamweaver CS3 完成 Web 设计、开发和维护的同时，还可与其他类型的应用软件高度集成应用，例如 Adobe Flash CS3 Professional、Fireworks CS3、Photoshop CS3、Contribute CS3 及用于创建移动设备内容的 Adobe Device Central CS3 等。所有的设计都可迅速切换并共享设计资源，使整个设计工作更加融合、便捷、高效。

1.1.4 提升的编码环境

为了方便网页开发人员对文件代码的编辑与管理，Dreamweaver CS3 增强了【代码】环境的操作功能，借助代码折叠、彩色编码、行号及带有注释/取消注释和代码片段的编码工具条，可以高效完成网页代码的编写和管理。如图 1-1 所示为 Dreamweaver CS3 集成的编码环境。

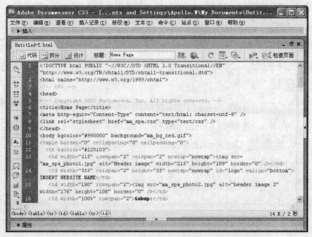

图 1-1 Dreamweaver CS3 集成的编码环境

1.1.5 新型的浏览器兼容检查

Dreamweaver CS3 使用全新的浏览器兼容性检查功能，可直接在网页设计过程中，即时预览网页效果。这样在设计网页的过程中就不用担心浏览网页而浪费宝贵的时间，可以随时通过浏览网页发现错误并纠正，保证网页的质量。同时还可以检查网页在不同操作系统之间和跨浏览器的兼容性，帮助用户处理一些含缺陷、非标准格式的网页错误，使网页在不同浏览器中都能正常显示。

在对网页进行预览检查时，还可以有针对性的对网页被忽略、浏览器不同兼容性等问题进行检查并生成问题报告，如图 1-2 所示为Dreamweaver CS3 全新的预览检查功能。

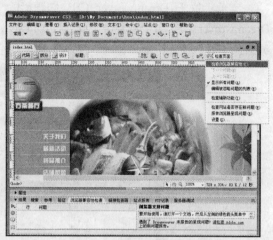

图 1-2 浏览器兼容性检查

1.2 Dreamweaver CS3 的工作界面

Dreamweaver CS3 人性化的工作界面和便捷的工具菜单可以帮助设计者更好地进行网页设计，而且"所见即所得"的视图模式极大地降低网页设计初学者的学习门槛。

1.2.1 编辑窗口

Adobe Dreamweaver CS3 的编辑窗口包含可用于构建网页的工具栏、检查器和面板，如图1-3 所示。

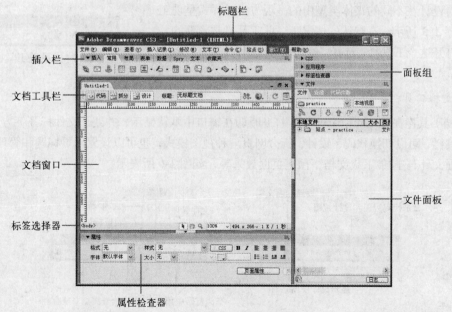

图 1-3 编辑窗口

1.2.2 菜单栏

菜单栏位于 Dreamweaver CS3 标题栏的下方，是默认显示的重要组成部分，几乎所有 Dreamweaver CS3 命令都集中于此。Dreamweaver CS3 将所有命令依照不同用途分为"文件、编辑、查看、插入记录、修改、文本、命令、站点、窗口、帮助"10 个菜单，如图 1-4 所示。

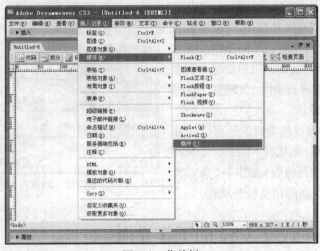

图 1-4 菜单栏

1.2.3 工具栏

为了方便、快速使用相关命令设计网页，Dreamweaver CS3 提供了插入、样式呈现、文档、标准、编码工具栏等，具体介绍如下。

1. 样式呈现工具栏

样式呈现工具栏包含一些显示样式的常规按钮，如果使用依赖媒体的样式表，这些按钮即能够查看设计在不同的媒体类型中的呈现方式，样式呈现工具栏如图 1-5 所示。在默认的情况下，此工具栏是隐藏的，若需要打开这个工具栏，选择"查看|工具栏|样式呈现"命令即可。

图 1-5 样式呈现工具栏

2. 文档工具栏

文档工具栏在 Dreamweaver CS3 打开时即在窗口中默认显示，并处于文件标签下方。通过文档工具栏，可以切换代码、设计、拆分网页三种视图模式，也可以设置网页标题和管理档案，例如管理文件、上传/下载文档、预览页面效果等，如图 1-6 所表示。

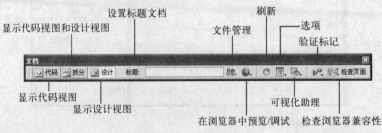

图 1-6 文档工具栏

3. 标准工具栏

标准工具栏主要用于管理文件与快速编辑网页，它包含文件和编辑菜单中的一般操作的按钮，例如新建、打开、保存、全部保存、剪切、复制、粘贴、撤消、重做等按钮，如图 1-7 所示。

4. 编码工具栏

编码工具栏包含可用于执行多种编码标准的按钮，例如折叠和展开所选代码、高亮显示无效代码、应用和删除注释、缩进代码、插入最近使用的代码片段等。编码工具栏仅在"代码"视图中才是可见的，它垂直显示在文档窗口的左侧，如图 1-8 所示。

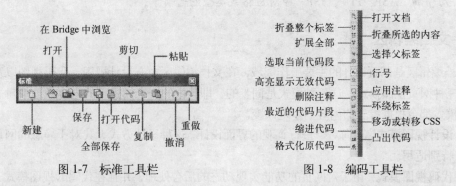

图 1-7　标准工具栏　　　　　　　图 1-8　编码工具栏

1.2.4　插入面板

插入面板包含用于创建和插入对象（如表格、图像）的按钮。当鼠标移至某个按钮图示上方时，会出现一个工具提示，其中含有该按钮的名称。在默认的情况下，【插入】面板分为常用、布局、表单、数据、Spry、文本、收藏夹 7 个选项卡，其中【收藏夹】选项卡是提供用户自定义收藏夹对象的，如图 1-9 所示。

图 1-9　制表符模式下显示的七个选项卡

插入面板有两种显示模式，分别为菜单模式和制表符模式，默认状态为制表符显示模式，如果想从制表符显示模式转到菜单显示模式，只需在【插入】选项卡上单击右键，然后在打开的菜单中选择【显示为菜单】命令即可，如图 1-10 所示。菜单显示模式如图 1-11 所示。

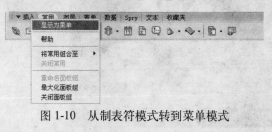

图 1-10　从制表符模式转到菜单模式

图 1-11　菜单显示模式

反之如果想从菜单显示模式更改为制表符显示模式，只要单击【常用】选项卡，然后在菜单中选择【显示为制表符】命令即可，如图 1-12 所示。

图 1-12　从菜单模式转到制表符模式

 如果目前编辑的网页是 ASP、PHP、JSP 等动态网页格式，那么【插入】面板就会自动增加"ASP、PHP、JSP"等对应格式类型的选项卡。

1.2.5　文档编辑区

文档编辑区是网页设计的主要工作区域，在文档编辑区中有设计视图、代码视图以及拆分视图这三种网页视图模式，这三种模式是同步的，即其中的一个模式下的内容经过编辑之后，其他的模式都会根据编辑的内容同步地改变。

- **设计视图模式**：面向对象进行直观的界面设计，这种设计方式尤其对于静态的网页效果特别适用。
- **代码视图模式**：用于对网页的功能实现动态的后台处理，并且在代码的视图模式下，还可以通过代码工具栏的辅助功能更好地去编写代码。
- **拆分视图模式**：可以在文档编辑区中同时实现代码和设计视图的操作，在指定的位置中明确地去插入代码，更好地对代码的位置的定位和修改。

1.2.6　标签选择器

标签选择器位于文档窗口底部的状态栏中，它显示环绕当前选定内容的标签层次结构。单击该层次结构中的任何标签可以选择该标签及其内容，例如，单击标签选择器下的"image"标签即可以选择相应的图片，如图 1-13 所示。

图 1-13　标签选择器

1.2.7　属性检查器

　　属性检查器亦称为【属性】面板，通过它可以实现对页面的设置，在不选择任何对象的情况下，属性检查器默认显示为文本属性，可以在其中设置文本属性，如图 1-14 所示，但当选择不同的页面对象后，面板就会出现不同项目的页面属性。例如选择图像后，属性检查器会显示图像的宽、高、源文件、链接等属性，如图 1-15 所示。

图 1-14　文本属性检查器

图 1-15　图像属性检查器

1.2.8　面板群组

　　Dreamweaver CS3 中的面板会在面板群中分组显示出来。面板群组内所选择的面板会显示成一个索引标签，如图 1-16 所示。每个面板组可以展开或者收合，也可以与其他的面板组放在一起或者从中卸除。

 面板群组也可以放在整合式应用程序视窗中（仅使用于 Windows），这样就能在不弄乱工作区的情况下，轻易地选取到所需要的面板。

图 1-16　面板群组

1.2.9　状态栏

　　状态栏位于文档窗口底部，它提供创建文档的有关信息，例如目前显示比例、文档窗口大小、文档传输速度等，如图 1-17 所示。

图 1-17　状态栏显示信息

1.3 管理与浏览网页文档

网页是网站的基本组成单位，在设计网页的时候，需要创建新页面、编辑现有的文档或查看网页成品。

1.3.1 新建文档

练习 1-1 如何新建文档

1 打开 Dreamweaver CS3 软件，在打开时会显示起始页面，可以通过这个页面来创建 HTML、PHP、ASP VBScript、CSS、XML 等类型文档，如图 1-18 所示。

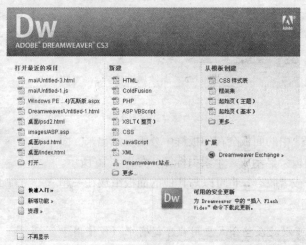

图 1-18 新建网页文档

2 如果无法显示起始页，可以在菜单栏中选择【文件】|【新建】命令或按下 Ctrl+N 快捷键，打开【新建文档】对话框，通过在【页面类型】栏中需要创建的文档上方双击左键即可创建各种类型的文档，如图 1-19 所示。

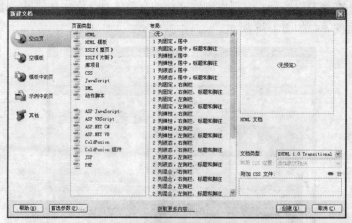

图 1-19 【新建文档】对话框

打开标准工具栏，然后单击【新建】按钮，也可打开【新建文档】对话框创建网页文档。

1.3.2　打开文档

当需要编辑未完成的网页时，可以将保存在磁盘或其他存储器中的文档在 Dreamweaver CS3 中打开，然后进行编辑处理。

练习 1-2　如何打开文档

1 通过起始页左下方的"打开"链接打开【打开】对话框，然后选择网页文档，即可将文档打开到 Dreamweaver CS3 中。

2 若无法显示起始页，可以在菜单栏选择"文件｜打开"命令，或者按下 Ctrl+O 快捷键，通过【打开】对话框选择文档即可，如图 1-20 所示。

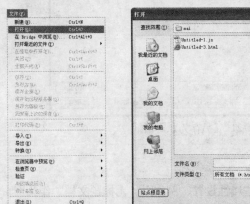

图 1-20　通过"打开"命令打开文档

 打开"标准"工具栏，然后单击【打开】按钮，也可通过弹出的【打开】对话框打开网页文档。

1.3.3　保存文档

保存文档有两种方式，一种是直接保存；另一种是另存为新文档。直接保存文档可依照原文档的名称、位置来进行保存。

练习 1-3　如何保存文档

1 只需在菜单栏选择【文件】｜【保存】命令，或者按下 Ctrl＋S 快捷键即可。

2 如果是新建的文档，则在直接保存时弹出【另存为】对话框，在其中设置文档名称和保存位置等内容。

 打开标准工具栏，然后单击【保存】按钮，也可直接保存文档。

1.3.4　另存为新文档

网页修改完成后，保存时如果不想覆盖原文档，可以采用"另存为新文档"的方法保存文档。

练习 1-4　如何将网页另存为新文档

1 可以在保存文档时弹出【另存为】对话框，让用户更改网页名称、文档类型、保存位置等内容。

2 也可以在菜单栏选择【文件】|【另存为】命令，或者按下 Ctrl+Shift+S 快捷键，即可打开【另存为】对话框，然后修改文档名、位置等内容后，单击【保存】按钮即可保存文档，如图 1-21 所示。

图 1-21 【另存为】对话框

1.3.5 设置页面属性

当创建新文档后，网页会默认某些属性设置，例如以"无标题文档"作为网页标题、链接文字显示下划线、使用简体中文（GB2312）等。为了让网页适合不同的设计需求，在创建网页后，有必要对页面属性进行相关设置。

练习 1-5 如何设置页面属性

1 选择【修改】|【页面属性】命令，即可打开【页面属性】对话框，如图 1-22 所示。

2 在此对话框中，Dreamweaver CS3 默认将页面属性分为外观、链接、标题、标题/编码、跟踪图像五个项目，并放置在左侧，右侧就提供用户针对某个项目的相关属性进行设置。

图 1-22 打开【页面属性】对话框

1. 外观

"外观"项目可以为网页指定多种基本页面布局选项，如图 1-23 所示。

● **字体**：指定在页面中使用的默认字体。

● **大小**：指定在页面中使用的默认字体大小。

- **文本颜色**：指定显示字体的默认颜色。
- **背景颜色**：指定页面使用的背景颜色。
- **背景图像**：指定页面的背景图像。
- **重复**：指定背景图像在页面上的显示
  方式。
- **不重复**：仅显示背景图像一次。
- **重复**：横向和纵向重复或平铺图像。
- **横向重复**：横向平铺图像。
- **纵向重复**：纵向平铺图像。
- **左边距和右边距**：指定左右页边距的
  大小。
- **上边距和下边距**：指定上下页边距的大小。

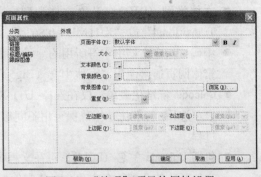

图 1-23　"外观"项目的属性设置

2. 链接

"链接"项目可以定义链接默认的字体、字体大小，以及链接、访问过的链接和活动链接的颜色，如图 1-24 所示。

- **链接字体**：指定链接文本使用的默认字体。
- **大小**：指定链接文本使用的默认的字体大小。
- **变换图像链接**：指定鼠标停在图像上方的颜色
- **链接颜色**：指定应用于链接文本的颜色。
- **已访问链接的颜色**：指定应用于访问过的链接的颜色。
- **活动链接的颜色**：指定当鼠标（或指针）在链接上单击时应用的颜色。
- **下划线样式**：指定了应用于链接的下划线样式。

3. 标题

"标题"项目可以指定网页中标题使用的字体和字体大小，如图 1-25 所示。

- **字体**：指定在页面中使用的默认字体。
- **标题 1 至标题 6**：指定网页中六种标题标签使用的字体大小和颜色。

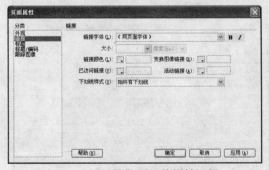

图 1-24　"链接"项目的属性设置

图 1-25　"标题"项目的属性设置

4. 标题/编码

"标题/编码"项目可以设置制作网页时所用语言的文档编码类型，以及指定要用于该编码类型的 Unicode 标准化表单，如图 1-26 所示。

- **标题**：设置在文档编辑窗口和大多数浏览器窗口的标题栏中出现的页面标题。
- **文档类型（DTD）**：设置文档类型定义。例如可从弹出式菜单中选择"XHTML 1.0 Transitional"或"XHTML 1.0 Strict"，使 HTML 文档与 XHTML 兼容。
- **编码**：指定文档中字符所用的编码，简体网页通常使用"简体中文（GB2312）"编码；繁体网页通常使用"繁体中文（Big5）"。
- **Unicode 标准化表单**：仅在选择 UTF-8 作为文档编码时启用，有四种 Unicode 标准化表单选用。标准化是指确保可用不同形式保存的所有字符都使用相同的形式进行保存的过程。
- **包括 Unicode 签名（BOM）**：可在文档中包括字节顺序标记（BOM）。BOM 是位于文本文件开头的 2 到 4 个字节，可将文件标识为 Unicode。

5. 跟踪图像

"跟踪图像"项目可以指定在设计页面时插入用作参考的图像文件，如图 1-27 所示。

- **跟踪图像**：指定在网页设计时作为参考的背景图像。该图像只供参考，当文档在浏览器中显示时并不出现。
- **透明度**：确定跟踪图像的透明度，从完全透明到完全不透明。

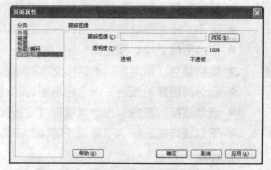

图 1-26 "标题/编码"项目的属性设置　　　图 1-27 "跟踪图像"项目的属性设置

1.3.6 编辑浏览器列表

练习 1-6　如何编辑浏览器列表

1 如果使用 Windows 操作系统，Dreamweaver CS3 默认 IE 为主浏览器。若想要设置其他浏览器为主浏览器，可以通过【编辑】|【首选参数】命令设置浏览器。

2 按下 Ctrl+U 快捷键，可以直接打开【首选参数】对话框，然后选择【在浏览器中预览】选项，将需要作为主浏览器的浏览器程序加入，并选择【主浏览器】复选框即可，如图 1-28 所示。

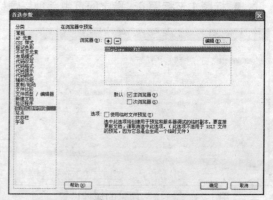

图 1-28　设置主浏览器

单击"文档"工具栏的【在浏览器中预览/调试】按钮 ，再选择【编辑浏览器列表】命令，也可进行浏览器设置。

1.3.7　通过浏览器预览网页

制作网页时，常常需要查看网页效果，以便对网页进行适当的调整。虽然"设计"视图可以查看网页大致效果，但并不是浏览器中所看到的最终效果，所以预览设计效果是网页制作过程中必不可少的操作。

使用 Dreamweaver CS3 预览网页设计效果有以下三种方法：

方法 1　在菜单栏选择【文件】|【在浏览器中预览】|【IExplore】命令，即可打开 IE 浏览器预览当前编辑的网页。

方法 2　在菜单栏选择【查看】|【工具栏】|【文档】命令，打开"文档"工具栏，然后单击【在浏览器中预览/调试】按钮，在打开的下拉选单中选择【预览在 IExplore】命令，即可打开 IE 浏览器预览当前编辑的网页，如图 1-29 所示。

图 1-29　通过"文档"工具栏预览网页

方法 3　按下 F12 功能键，便可快速打开浏览器预览当前编辑的网页。

1.4　本章小结

本章先介绍了 Dreamweaver CS3 的新功能、工作区，然后讲解新建文档、打开文档、设置页面属性等文档管理的基础，面板组和工具栏的操作，以及优化网页编辑环境，为进一步学习打好基础。

1.5　本章习题

一、填充题

1. 在 Dreamweaver CS3 中新增的"Spry"插入面板中包括_____、_____和_____三组功能，而除了这三种 Spry 应用，Dreamweaver CS3 的【行为】面板还新增了一组_____。

2. Spry 数据包括_____、_____、_____、_____、和_____、五种类型。在设计动态网页的时候，可以使用 XML 从 RSS 或数据库将数据集成到 Web 网页中，集成的数据很容易排序和过滤。

3. Dreamweaver CS3 进一步强化了 CSS 的应用功能，既为初学者提供了预备 CSS 样式的新文件模板，也为喜欢程序开发的用户提供了_____技术交流网站，还增强了_____和_____操作，为网页开发人员提供更高效、便捷的 CSS 设计环境。

4. Adobe Dreamweaver CS3 工作区包含可用于构建网页的_____、_____和_____。

5. 菜单栏位于 Dreamweaver CS3 标题栏的下方，是该软件默认显示的重要组成部分，几乎所有 Dreamweaver 命令都集中于此。Dreamweaver CS3 将所有命令依照不同用途分为_____、_____、_____、_____、_____、_____、_____、_____、_____、_____"十个菜单。

6. 为了用户方便、快速使用相关命令设计网页，Dreamweaver CS3 为用户提供了"插入、样式呈现、文档、_____、_____"工具栏，其中_____工具栏包含一些显示样式的常规按钮，如果使用依赖媒体的样式表，这些按钮即能够查看设计在不同的媒体类型中的呈现方式，_____工具栏仅在"代码"视图中才是可见的，它是垂直显示在"文档"窗口的左侧。

7. 在默认的情况下，【插入】面板分为"插入、_____、_____、_____、数据、_____、_____、收藏夹"八个选项卡，其中_____工具栏有两种显示模式，分别为_____和_____显示模式。

8. 如果对网页的功能实现动态的后台处理，那么可以转到网页的_____视图模式进行代码的编写，并且在代码的视图模式下，还可以通过_____工具栏的辅助更好地去编写代码。另外通过_____视图模式，用户可以在文档编辑区中同时实现代码和设计视图的操作，在指定的位置中明确地去插入代码，更好地对代码的位置的定位和修改。

9. _____亦称为【属性】面板，通过它可以实现对页面的设置，在不选择任何的对象的情况下，属性检查器默认显示为_____，亦即可以设置文本属性，标有红色区域的部分即是文本属性检查器。

10. 在打开 Dreamweaver CS3 软件时，如果暂无法显示起始页，可以在菜单栏选择_____命令或按下_____快捷键，打开【新建文档】对话框，接着通过【页面类型】栏中需要创建的文档上方双击左键即可创建各种类型的文档。

二、选择题

1. 以下哪种不属于 Dreamweaver CS3 的文档视图模式？ （　　）
   A. 设计视图　　　　B. 拆分视图　　　　C. 代码视图　　　　D. 框架视图
2. 以下那个不属于在 Dreamweaver CS3 中新增的"Spry"插入面板中的功能？ （　　）
   A. Spry 数据　　　　　　　　　　　B. Spry 窗口组件
   C. Spry 框架　　　　　　　　　　　D. Spry 效果
3. 新建文档在快捷键是什么？ （　　）
   A. Ctrl+O　　　　　B. Ctrl+N　　　　C. Shift+N　　　　D. Ctrl+S
4. 在 Dreamweaver CS3 中，按下那个功能键可以打开浏览器预览网页？ （　　）
   A. F1　　　　　　　B. F3　　　　　　C. F8　　　　　　D. F12
5. 在 Dreamweaver CS3 的"设计"视图中，以下哪种工具栏是不可见的？ （　　）
   A. 样式呈现工具栏　　　　　　　　　B. 文档工具栏
   C. 编码工具栏　　　　　　　　　　　D. 标准工具栏

第2章　网站架设、发布与管理

教学目标

了解 Web 网站开发与创建、网站资源管理、网站地图管理，以及网站发布与维护的各种方法。

教学重点与难点

- ➤ 网站设计的过程与相关事项
- ➤ Web 网站的组成
- ➤ "基本"和"高级"定义网站的方法
- ➤ 创建与管理网站资源的方法
- ➤ 创建与管理网站地图的方法
- ➤ 维护和发布网站的方法

2.1　网站与网站开发

通过本节内容先来了解什么是网站，网站由什么构成，网站开发所使用的语言类型，以及开发网站的要点，了解网站及网站开发的一些基本常识。

2.1.1　网站的概念

网站（Web Site），是指发布在网络服务器上，由一系列网页文件集合而成，为访问者提供信息和服务的平台。上网的用户可通过网页浏览器或者其他浏览工具访问这些网页，以获取网站上的信息和服务，例如新浪网、雅虎网、新华网等，如图 2-1 所示。

图 2-1　新浪网站

网页浏览器是指安装在电脑上的一种软件，通过它可方便地看到 Internet 上提供的远程登陆（Telnet）、电子邮件、文件传输（FTP）、网络新闻组（NetNews）、电子公告栏（BBS）等服务资源。目前常用的浏览器有 Internet Explorer（IE）、遨游（Maxthon）及火狐（Firefox）等。

2.1.2 网站的构成

一般来说，一个完整的网站是由一个主页及若干个页面所组成。一个大型网站可能含有数以万计的网页，而一个小的企业网站或者个人网站可能只有几个网页。网站中的内容一般包含文字、图片、动画、标记语言、动态程序及数据库等构成要素。

 主页（HomePage）是指进入网站的第一个页面，也称为首页。该页面也是进入该网站其他网页的入口，通过主页上的介绍或说明，可在短时间内了解到该网站所提供的信息和服务项目。

2.1.3 网站开发的语言

目前大多数静态网站使用 HTML（HyperText Markup Language）语言进行开发，它是一种简单、通用的内置标记语言。该语言允许网站制作人建立文本与图片相结合的复杂页面，不仅学起来容易，而且可以用常见的文字编辑器（例如 Word、NotePad 等）来编写，如图 2-2 所示。

而对于动态网站，则使用 ASP、PHP 及 JSP 等语言。各语言特点介绍如下：

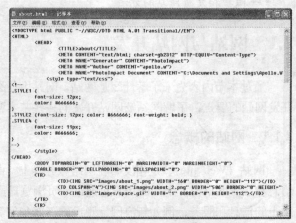

图 2-2　在记事本中查看网页代码

- ASP：该语言是微软公司开发的代替 CGI 脚本程序的一种应用，其全称是 Active Server Page，它可以与数据库以及其他程序进行交互，是一种简单、方便的编程工具。ASP 的网页文件的格式是 ".asp"，现在常用于各种动态网站中，使用该语言编写的网页可以包含 HTML 标记、普通文本、脚本命令以及 COM 组件等。另外，利用 ASP 可以向网页中添加交互式内容（如在线表单），也可以创建使用 HTML 网页作为用户界面的 Web 应用程序。
- PHP：该语言是一种 HTML 内嵌式的语言，其全称是 Hypertext Preprocessor，它与微软的 ASP 颇有几分相似，都是一种在服务器端执行的嵌入 HTML 文档的脚本语言。PHP 独特的语法混合了 C、Java、Perl 以及 PHP 自创新的语法，它可以比 CGI 或者 Perl 更快速的执行动态网页。PHP 具有非常强大的功能，所有的 CGI 或者 JavaScript 的功能 PHP 都能实现，而且几乎支持所有流行的数据库以及操作系统。
- JSP：该语言是由 Sun Microsystems 公司倡导、许多公司参与一起建立的一种动态网页技术标准，其全称是 JavaServer Pages，它是在传统的网页 HTML 文件（*.htm,*.html）中插入 Java 程序段（Scriptlet）和 JSP 标记（tag），从而形成 JSP 文件（*.jsp）。用 JSP 开发的 Web 应用是跨平台的，即能在 Linux 下运行，也能在其他操作系统上运行。JSP

将网页逻辑与网页设计和显示分离，支持可重用的基于组件的设计，使基于 Web 的应用程序的开发变得迅速和容易。

2.1.4　网站开发的要点

利用 Dreamweaver CS3 开发网站前，需要先对设计方向进行思考与分析，这样才能借助 Dreamweaver CS3 强大的功能，开发出高水准的网站。

一般来说，网站的开发具有以下几个要点：

- **设计的任务**：在网站开发前，首先需要了解网站设计的任务，即设计者要表现的主题和要实现的功能，网站的性质不同，设计的任务也会有所不同。例如对于类似新浪、雅虎这样的门户网站，由于其信息量较大，因此需要注意页面的分割、结构的合理及页面的优化等；而对于一些中小型的企业网站，主要任务是突出企业形象，对网站设计者的美术功底有较高要求。

- **设计的实现**：明确了设计任务后，就需要开始实现这个设计任务了。首先在纸上绘制出网站的蓝图，然后通过各种设计软件（如 Dreamweaver、Photoshop、Flash 等）将设计的蓝图变为现实。当然，在设计过程中一定要注意作品的创意性。

- **色彩的搭配**：在网页制作过程中，色彩的整体搭配是非常重要的。例如，红色代表热情、奔放，象征着生命；黄色代表华丽、高贵、明快。绿色代表安宁、和平与自然；紫色则是高贵的象征，有庄重感；而白色能给人以纯洁与清白的感觉，表示和平与圣洁。由于设计任务的不同，配色方案也随之不同。例如，绿色和金黄、淡白搭配，可以产生优雅、舒适的气氛；蓝色和白色混合，能体现柔顺、淡雅、浪漫的气氛；而红色和黄色、金色的搭配能渲染喜庆的气氛。考虑到网页的适应性，开发人员应尽量使用网页安全色。

- **造型的组合**：一般来说，网页主要通过视觉传达来表现主题，而在视觉传达中，造型是很重要的一个元素。在网页中可将点、线、面作为画面的基本构成要素来进行处理。通过点、线、面的不同组合，可以突出页面上的重要元素及设计的主题，增强美感，让浏览者在感受美的过程中领会设计的主题，从而实现设计的任务。

- **设计的原则**：进行网站设计需要遵循五个大的原则，即统一、连贯、分割、对比及和谐。统一是指设计作品的整体性，一致性；连贯是指页面的相互关系，即设计中应利用各组成部分在内容上的内在联系和表现形式上的相互呼应，并注意整个页面设计风格的一致性，实现视觉上和心理上的连贯，使整个页面设计的各个部分极为融洽，犹如一气呵成；分割是指将页面分成若干个小的区域，区域之间具有视觉上的不同，这样可以使浏览者一目了然；对比是指通过矛盾和冲突，使设计效果更具有生气和活力，例如多与少、曲与直、强与弱、长与短、粗与细、疏与密、虚与实、主与次、黑与白、动与静、美与丑、聚与散等。在使用对比的时候需注意，对比过强容易破坏页面的美感，影响整体统一效果；而和谐是指整个页面符合美的法则，浑然一体，使设计作品所形成的视觉效果与人的视觉感受形成一种沟通，产生心灵的共鸣。

2.2　创建本地 Web 网站

在 Dreamweaver CS3 中，"网站"是指定义一个网站的名称、存放文件的文件夹、使用的 Web 服务器和应用服务器技术等。而在 Internet 中，Web 网站则是指把已经完成的网站内容放到 Internet 的 Web 服务器上供用户浏览，即运行系统的 Web 服务器上的网站。如果要使用 Dreamweaver CS3 设计一个网站，就必须先创建一个本地网站。

2.2.1 Web 网站的组成部分

Web 网站主要由本地文件夹、远程文件夹和测试服务器三个部分组成，具体取决于开发环境和所开发的 Web 网站类型。

1. 本地文件夹

它是一个工作目录，亦称为"本地网站"。此文件夹可以位于本地计算机上，也可以位于网络服务器上。如果用户直接在服务器上工作，则每次保存文件时 Dreamweaver 都会将文件上传到服务器。

2. 远程文件夹

它是存储文件的位置，亦称为"远程网站"，该文件夹通常位于运行 Web 服务器的计算机上。

本地文件夹和远程文件夹使用户能够在本地硬盘和 Web 服务器之间传输文件，以便轻松管理 Web 网站中的文件。

3. 测试服务器

它是 Dreamweaver CS3 处理动态页的过程，亦称为"动态文件夹"。

2.2.2 基本法定义网站

设置 Web 网站的方法有两种：一是使用基本法定义网站，它可以根据提示逐步完成设置过程；二是使用高级法定义网站，它可以根据需要分别设置本地、远程和测试文件夹。

练习 2-1 如何使用基本法定义网站

1 打开 Dreamweaver CS3 软件，然后在菜单栏中选择【网站】|【新建网站】命令，如图 2-3 所示。

2 弹出【网站定义】对话框后，选择【基本】选项卡，然后在【您打算为您的网站起什么名字】文本框中输入网站名称，接着输入网站的 HTTP 地址，完成后单击【下一步】按钮，如图 2-4 所示。

图 2-3　打开【网站定义】对话框

图 2-4　设置网站名称和网络地址

网站的 HTTP 地址并不是必填项目，如果还没有申请到主机空间或域名，可以暂不填写此项。

3 在接下来的对话框中选择是否使用服务器技术。如果制作的只是单纯的静态网页（即不涉及交互网页程序的网页），可以选择【否，我不想使用服务器技术】单选按钮；如果是要制作动态网页，则需要选择"是，我想使用服务器技术"单选按钮，并在下面的列表框中选择合适的服务器技术，完成后单击【下一步】按钮，如图 2-5 所示。

4 在接下来的对话框中选择不同的开发文件方式，一般建议选择在本地进行编辑和测试，以便于工作，然后指定本地网站的根目录名称及位置，接着单击【下一步】按钮，如图 2-6 所示。

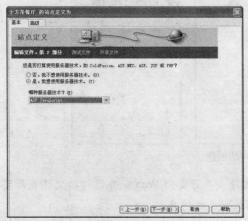
图 2-5　选择使用服务器技术

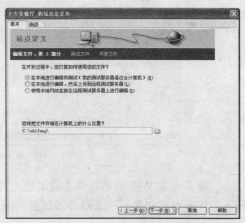
图 2-6　设置开发文件方式和本地根文件夹

5 在接下来的对话框中设置使用什么 URL 来浏览网站的根目录。这个 URL 其实就是在本地网站浏览和测试根文件夹网页的地址，一般使用默认的 http://localhost/地址即可，完成设置后单击【下一步】按钮，如图 2-7 所示。

若在步骤 4 中设置不使用服务器技术，Dreamweaver CS3 就会自动跳过设置"用于浏览和测试根文件夹的地址"界面。因为，测试功能只对动态网页才有实质的意义。

6 在接下来的对话框中设置是否共享文件。如果不是团队协同工作（即多人合作设计网站），那么选择"否"单选按钮即可，完成后单击【下一步】按钮，如图 2-8 所示。

图 2-7　设置用于浏览和测试根文件夹的地址

图 2-8　设置是否共享网站文件

7 在接下来的对话框中可以查看设置的基本信息，如果没有问题，即可单击【完成】按钮，完成创建本地网站，如图 2-9 左所示。

8 完成上述步骤的操作后，返回 Dreamweaver CS3 编辑窗口，即可在【文件】面板中查看到创建的本地 Web 网站，如图 2-9 右所示。

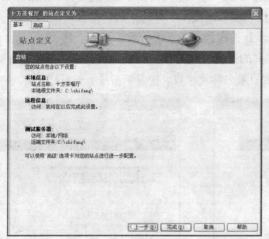

图 2-9　完成网站创建

若要定义 Web 网站，只需设置一个本地文件夹。若要向 Web 服务器传输文件或开发 Web 应用程序，还必须添加远程网站和测试服务器信息。

2.2.3　高级法定义网站

对 Dreamweaver CS3 软件有了一定的了解之后，可通过"高级"选项卡创建网站。

练习 2-2　如何使用高级法创建网站

1 打开 Dreamweaver CS3 软件，然后在菜单栏选择【网站】|【新建网站】命令。

2 弹出【网站定义】对话框后，选择【高级】选项卡，然后在左边【分类】列表框中选择【本地信息】项目，在【网站名称】文本框输入网站名称，接着在【本地根文件夹】文本框指定根文件夹，再指定默认图像文件夹，如图 2-10 所示。

图 2-10　设置网站的本地信息

在【本地信息】项目中除了可设置上述信息外，还可根据需要设置其他本地信息。其中【链接相对于】选项组用于设置创建的链接到网站中其他页面的链接的相对路径，默认情况下，Dreamweaver CS3 使用"文档"相对路径创建链接，若选择【网站根目录】选项，则需确保在【HTTP 地址】文本框指定 HTTP 地址；【HTTP 地址】文本框中可指定 Web 网站将要使用的 URL，这使 Dreamweaver CS3 能够验证网站中使用绝对 URL 或网站根目录相对路径的链接，Dreamweaver CS3 还使用此地址来确保可能不同的网站根目录相对链接在远程服务器上能够正常工作。

3 选择【分类】列表框的【远程信息】项目，然后设置远程网站访问方式。若已经申请到主机空间，那么可选择【FTP】选项，并将主机服务商提供的信息如实填写；若暂时未申请主机空间，可以选择"本地/网络"选项，然后指定远端文件夹（此文件夹通常会指定在本机 IIS 服务器环境下的文件夹，或可连接网络地址），如图 2-11 所示。

图 2-11　设置网站的远程信息

4 如果需要开发动态网页，则可选择【分类】列表框的【测试服务器】项目，然后设置服务器模型和访问方式，若只制作静态网页，则可跳过此步骤，如图 2-12 所示。

5 如果需要在所有网站操作中排除指定的文件夹和文件，可选择【分类】列表框的【遮盖】项目，然后选择【启用遮盖】复选框，或者设置遮盖的某些扩展名文件，如图 2-13 所示。

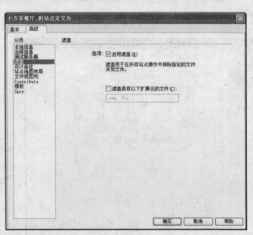

图 2-12　设置测试服务器信息　　　　图 2-13　启用遮盖功能

6 如果需要维护设计备注，可选择【分类】列表框的【设计备注】项目，然后选择【维护设计备注】复选框，或者设置是否上传并共享设计备注（通常用于多人协同创作上），如图 2-14 所示。

7 如果需要自定义网站地图外观，可选择【分类】列表框的【网站地图布局】项目，然后在【主页】文本框中指定网站的主页文件，如果网站没有创建主页，则可直接输入主页名称（例如输入 index.html），其他可根据实际需要进行设置调整，如图 2-15 所示。

图 2-14　设置设计备注信息　　　　　　　　图 2-15　自定义网站地图外观

　如果之前并未创建网站主页，则在【主页】文本框中输入主页名称并切换至其他"分类"项目时，会弹出提示创建主页对话框，如图 2-16 所示，只需单击【确定】按钮即可。

图 2-16　提示创建主页对话框

8 如果选择【分类】列表框的【文件视图列】项目，可设置文件视图列选项（建议使用默认设置即可），如图 2-17 所示。

9 如果需要启用 Dreamweaver CS3 的"存回/取出"系统，可选择【分类】列表框的【Contribute】项目，并启用 Contribute 兼容性功能，如图 2-18 所示。

图 2-17　设置文件视图列选项　　　　　　　图 2-18　启动 Contribute 兼容性功能

10 如果需要使文档相对路径更新为 Templates 文件夹中的非模板文件，可选择【分类】列表框的【模板】项目，然后取消选择【不改写文档相对路径】选项，如图 2-19 所示。

11 当在已保存的页面中插入 Spry 构件、数据集或效果时，Dreamweaver CS3 会在网站中创建一个"SpryAssets"目录，并将相应的 JavaScript 和 CSS 文件保存到其中。如果需要将 Spry 资源保存到其他位置，可选择【分类】列表框的【Spry】项目，然后更改 Dreamweaver CS3 保存这些资源的默认位置，如图 2-20 所示。

图 2-19　设置模板更新路径方式

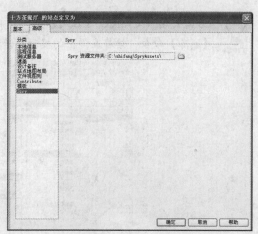

图 2-20　更改 Spry 资源文件夹位置

12 完成网站定义设置后，可单击【确定】按钮返回 Dreamweaver CS3 编辑窗口，即可在【文件】面板中查看所创建的本地 Web 网站。

2.3　创建与管理网站资源

定义本地网站后，便可在此网站环境内进行网页管理和设计等工作，例如新建文件夹、网页文件、移动文件位置、打开与预览网页及修改页面属性等。

2.3.1　新建文件夹

为了更方便的管理网站中不同类型的素材文件，可新建多个文件夹以分类放置素材。下面将为网站新建 images 文件夹。

练习 2-3　如何通过文件面板新建文件夹

1 在已定义的网站中单击右键，并从弹出的菜单中选择【新建文件夹】命令，如图 2-21 所示。

2 此时在【文件】面板中产生一个文件夹，并处于重命名状态，可直接输入文件的名称，按下 Enter 键确定即可，如图 2-22 所示。

图 2-21　新建文件夹

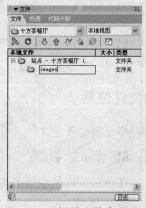

图 2-22　设置文件夹名称

若需要删除文件夹，可在文件夹上方单击鼠标右键，然后在弹出的菜单中选择【编辑】|
【删除】命令，接着在弹出的提示对话框中单击【是】按钮即可，如图2-23所示。

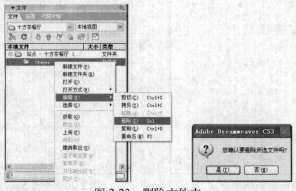

图2-23 删除文件夹

2.3.2 新建文件

Dreamweaver CS3 允许在网站中创建多个文件。

练习 2-4 如何新建文件

1 在已定义的网站中单击右键，并从弹出的菜单中选择【新建文件】命令。

2 此时在【文件】面板中产生一个文件，并处于重命名状态，直接输入文件的名称，并按
下 Enter 键确定即可，如图2-24所示

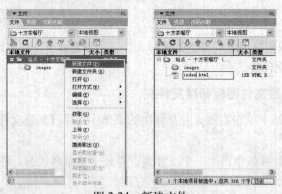

图2-24 新建文件

 若需要在网站中的文件夹中新建文件，可在文件夹上单击鼠标右键，然后执行同样命
令即可。

2.3.3 移动文件位置

如果在网站中已新建若干文件，可以根据需要将文件移动至合适文件夹内。

练习 2-5 如何移动文件位置

1 在【文件】面板的网站中单击选择需要移动的文件，然后将该文件拖动至合适的文件夹
上方即可，如图2-25所示。

2 移动文件位置后，即可发现该文件已在指定文件夹内，如图2-26所示。

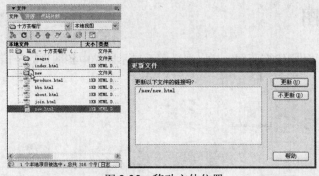

图 2-25　移动文件位置　　　　　　　　　图 2-26　移动文件后的结果

2.3.4　打开与预览网页

在【文件】面板中，可以直接打开网站的任意文件夹及文件，比使用【文件】|【打开】命令方便很多。

🖱️ 练习 2-6　如何打开与预览网页

1 创建网站并建立网页文件后，可双击所需文件的名称，将其打开在 Dreamweaver CS3 编辑区，如图 2-27 所示，以便进一步编辑网页中的具体内容。

2 如果需要通过浏览器预览在 Dreamweaver CS3 中正在编辑的网页文件，直接按下 F12 功能键即可。

3 如果需要预览未在编辑区中打开的网站文件，则需要在【文件】面板选择该文件，然后单击右键，并从弹出的菜单中选择【在浏览器中预览】|【IExplore】命令，或者按下 F12 功能键，才可预览文件，如图 2-28 所示。

图 2-27　通过【文件】面板打开编辑网页

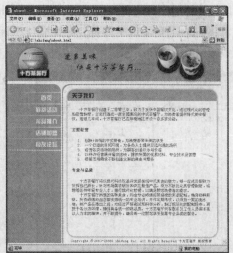

图 2-28　通过【文件】面板预览网页

2.4 创建与管理网站地图

网站地图是整个网站的结构图，如同建筑蓝图一样以层级关系显示网站中各网页的链接关系，如图 2-29 所示。

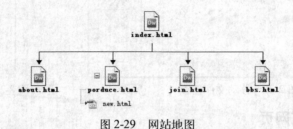

图 2-29 网站地图

网站地图具有以下的作用：

（1）可以妥善规划整个网站的文件，其中包括需要哪些文档、如何区分等。

（2）能够预先为网页之间建立链接，进而形成网站的关联结构。

（3）网站地图可以显示网站结构，当多人共同作业时，可作为工作依据，确保网站统一性。

2.4.1 创建网站地图

为了方便及正确地进行网站后续的构建，可先创建网站地图来规划网站，例如需要新建网页文件、网页之间的链接关系、不同主题网页的结构等。

练习 2-7 如何创建网站地图

1 打开【文件】面板，单击面板右边的【展开与显示本地和远端网站】按钮 ，打开网站的编辑窗口，如图 2-30 所示。

2 打开网站编辑窗口后，单击【网站地图】按钮 ，然后从弹出的菜单中选择【地图和文件】命令，如图 2-31 所示。

3 切换到"地图和文件"视图后，选择"index.html"文件，文件图标右上角显示 图标，将其拖到"about.html"网页文件上，如图 2-32 所示。

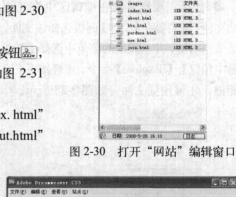

图 2-30 打开"网站"编辑窗口

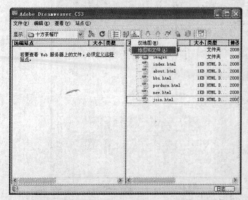

图 2-31 切换到"地图和文件"视图

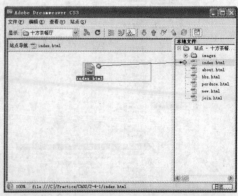

图 2-32 创建与首页的网站地图结构

4 使用步骤 3 相同的方法，将"index.html"文件分别与"produce.html"、"join.html"和"bbs.html"文件建立链接关系，如图 2-33 所示。

5 选择第二层结构中的"produce.html"网页，使用相同的方法，使之分别与"new.html"网页建立链接关系，最终结果如图 2-34 所示。

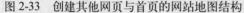

图 2-33　创建其他网页与首页的网站地图结构

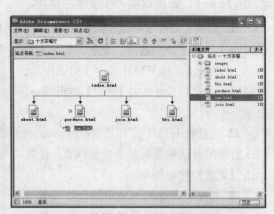

图 2-34　创建第二层网页的网站结构

 在创建网站地图时，地图中的网页无法与本身建立链接关系，即一个网页必须跟其他网页组成网站地图。

2.4.2　打开地图链接源

当需要打开网站地图中所选的当前文件的上一层级的链接源文件，以查看链接源文件的内容时，可通过打开链接源文件的方法来实现，如图 2-35 所示。

图 2-35　打开链接源文件

练习 2-8　如何打开地图链接源

1 在网站地图中某个网页文件上右击打开快捷菜单，选择【打开链接源】命令，便可将所选文件的链接源文件打开。

2 打开链接源文件后，可以看到所选文件的名称以超链接文本的形式显示在链接源网页，并处于被选取状态。例如"produce.html"文件的链接源文件显示"produce"超链接文本。

2.4.3 改变/移除地图链接

如果建立了错误的网站地图链接，可使用移除链接或改变链接的方法来达到修改网站地图的目的。

练习 2-9 如何改变/移除地图链接

1 如果需要改变网站地图的链接，可以选择需要改变链接的文件，然后单击右键并从弹出的菜单中选择"改变链接"命令，如图 2-36 所示。当弹出【选择 HTML 文件】对话框后，选择正确的文件，再单击【确定】按钮即可，如图 2-37 所示。

2 当选择 HTML 文件后，Dreamweaver CS3 会弹出对话框提示是否更新网页，此时单击【更新】按钮即可。

3 如果想移除网站地图的全部或部分链接，可在网站地图中选择需要移除链接的文件，然后单击右键并选择"移除链接"命令即可，如图 2-38 所示。

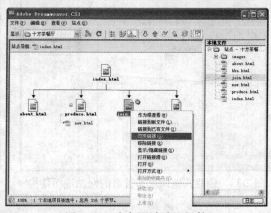

图 2-36 改变网站地图链接

图 2-37 选择 HTML 文件

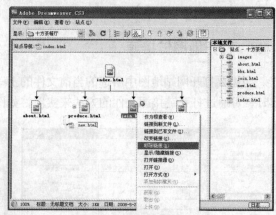

图 2-38 移除网站地图链接

2.4.4 链接到新文件

除了从已存在的网页文件中创建网站地图链接外，还可以直接为网页创建新文件链接，如此将创建地图链接与新增文件的操作一并进行，可以节省时间。下面将在上小节的网站地图基础上，为"bbs.html"链接到一个名称为"add.html"、标题为"加入会员"、链接文本为"add"的新文件。

练习 2-10 如何将网站地图链接到新文件

1 打开网站编辑窗口，切换到"地图和文件"视图，选择"bbs.html"文件，单击右键并选择【链接到新文件】命令，如图 2-39 所示。

2 弹出【链接到新文件】对话框后，分别设置文件名称、标题以及链接文本，如图 2-40 所示。

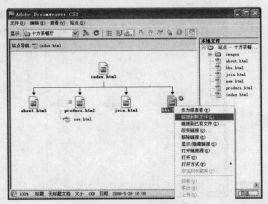

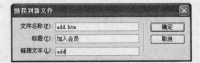

图 2-39　链接到新文件　　　　　　　　图 2-40　设置新文件属性

 在【链接到新文件】对话框中，"链接文本"选项是设置当建立链接关系后，要显示在链接源网页上的文本。

2.4.5　修改网站地图布局

默认状态下，网站地图的规格是列数 200、列宽 125，且以文档名称作为图标标签。若需要修改网站地图布局属性，可打开【网站定义】对话框，并切换到"站点地图布局"设置分类，从而修改网站地图布局。下例将修改网站地图的列宽为 150，并以页面标题显示图标标签。

练习 2-11　如何修改网站地图布局

1 切换到网站编辑窗口，打开【显示】项目的下拉列表框，然后选择【管理网站】命令，如图 2-41 所示。

2 弹出【管理网站】对话框后，选择需要管理的网站，然后单击【编辑】按钮，如图 2-42 所示。

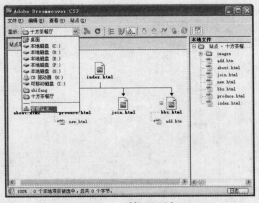

图 2-41　管理网站　　　　　　　　　　图 2-42　编辑网站

3 打开网站定义的对话框后，选择【网站地图布局】分类选项，修改列宽为 150，并选择【页面标题】选项，然后单击【确定】按钮，如图 2-43 所示。

4 返回【管理网站】对话框后，单击【完成】按钮。

5 返回网站编辑窗口后，即可查看网站地图宽度已改变，并且图标标签以每个网页的标题显示（若没有设置标题，则以默认的"无标题文件"显示），如图 2-44 所示。

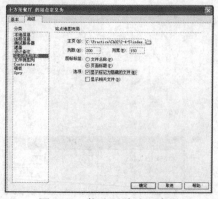

图 2-43　修改网站地图布局

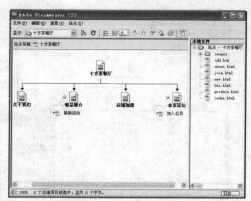

图 2-44　修改网站地图的结果

2.4.6　将网站地图保存为图像

在多人协同完成网页设计的情况下，网站的架设结构就需要与其他工作人员一起分享，所以在完成网站地图的架设后，可以将网站地图保存成图像，以便其他工作人员根据网站地图图像作为参考，架设相同的网站，达到共同设计与管理网站的目的。

 在 Dreamweaver CS3 中，只可以将网站地图保存成 Bitmap(*.bmp)和 PNG 文件(*.png)两种格式的图像。

练习 2-12　如何将网站地图保存为图像

1 打开网站编辑窗口，并切换到"仅地图"或"地图和文件"视图，然后在菜单栏选择【文件】|【保存网站地图】命令，如图 2-45 所示。

2 弹出【保存网站地图】对话框后，设置文件名称，然后单击【保存】按钮即可，如图 2-46 所示。

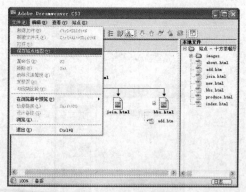

图 2-45　保存网站地图

图 2-46　设置文件名称与格式

3 创建网站地图后，即可依照地图来编辑网站的具体内容和设计网页的页面，若网站由多人协同作业，也可将网站地图打印出来，作为彼此的设计参照。

2.5　维护与发布网站

完成网站及网页设计后，便可将网站发布到远程服务器。不过在发布网站前，需要进行必要的维护工作，例如检查网站链接、网页是否正常预览等，以确保发布到远程网站的内容正确无误。

2.5.1　检查网站的链接

网站通常由众多的网页文件构成，因此也就会产生很多链接，从而容易导致一些无效或错误链接产生。为此，完成网站的设计工作后，就需要对全站的链接进行一次全面的检查，以确保网站的链接全部正确。

练习 2-13　如何检查网站的链接

1 在网站编辑窗口中选择【网站】|【检查网站范围的链接】命令，或者按下 Ctrl+F8 快捷键，以检查网站全部网页的链接。

2 Dreamweaver CS3 检查网站链接后，将自动弹出【结果】面板组的【链接检查器】面板，显示网站错误或无效的链接，如图 2-47 所示。

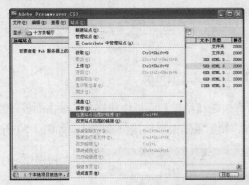

图 2-47　检查网站范围的链接

2.5.2　修正无效的链接

执行检查网站链接的操作后，便可修正被检查出来的无效链接项目，在修正无效链接之前，可先追踪无效链接在网站中的位置。只需直接在【结果】面板中双击某个无效链接项目，则将可在编辑区打开该链接所在的网页，并选取设置该链接的网页元素，如图 2-48 所示。

图 2-48　显示无效的链接

练习 2-14　如何修正无效的链接

1 追踪到无效链接的具体位置后，双击错误的链接打开网页并自动选取错误的链接内容后，同时也会打开【属性】面板显示该链接的属性，如图 2-49 所示。

2 通过【属性】面板为网页元素重新设置链接地址，如图 2-49 所示，修正链接目标文件的格式为 ".html"。

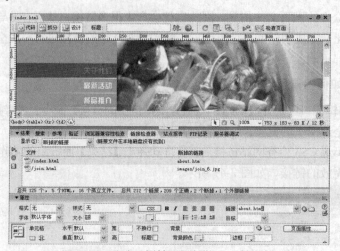

图 2-49　通过【属性】面板修正无效链接

3 在已了解无效链接的具体位置的情况后可直接在【结果】面板中作修改，单击面板【断掉的链接】列表中需要修改的项目，进入可编辑状态，然后重新设置链接位置即可，如图 2-50 所示。

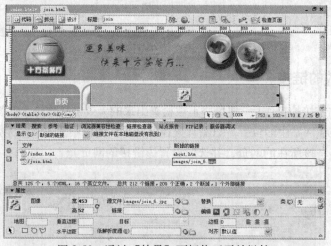

图 2-50　通过【结果】面板修正无效链接

若网站多处存在同一个无效链接，则修正其中一个之后将弹出提示框，询问是否将此修正应用到其他相同的无效链接。当修改完某个无效链接后，【结果】面板会自动更新无效链接清单，隐藏已修正的无效链接项目。

2.5.3　改变网站范围的链接

若需要将网站范围内某个链接改变成其他链接，可以通过 "改变网站范围的链接" 命令一次改变所有符合这个条件的链接，无需逐一手动修改。下例将网站中与 "new.html" 链接改变成与 "news.html" 链接，藉此学习改变网站范围链接的方法。

练习 2-15 如何改变网站范围链接

1 打开网站编辑窗口，然后在菜单栏选择【网站】|【改变网站范围的链接】命令。

2 弹出【更改整个网站链接】对话框，在"更改所有的链接"文本框输入需要更改的链接；然后在"变成新链接"文本框输入新链接，最后单击【确定】按钮，如图 2-51 所示。

3 弹出【更新文件】对话框后，单击【更新】按钮即可，如图 2-52 所示。

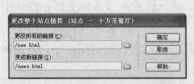

图 2-51　改变整个网站的链接

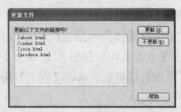

图 2-52　更新网站的链接

2.5.4 用 Dreamweaver CS3 发布网站

Dreamweaver CS3 提供的功能很全面，不但包括了网页设计、网站架设功能，还提供了网站发布功能，可直接使用 Dreamweaver CS3 上传下载网站的文档，从而无需使用专门的 FTP 软件上传网站资源。

练习 2-16 如何通过 Dreamweaver CS3 发布网站

1 按下 F8 功能键打开【文件】面板，然后选择已定义且需要发布网站，并切换到【远程视图】界面，接着单击【定义远程网站】链接文字（若已经设置远程信息，即会自动显示远程网站内容），如图 2-53 所示。

2 弹出【网站定义】对话框后，在【高级】选项卡内选择【远程信息】选项，然后设置远程网站的访问方式和信息，如图 2-54 所示，使用了 FTP 访问方式，并输入 FTP 主机以及登录、密码等信息。

图 2-53　切换到"远程视图"界面

图 2-54　定义远程网站信息

3 完成设置后，单击【测试】按钮，以测试是否能够正常连接远程网站，如图 2-55 所示。

4 测试无误后，单击【确定】按钮返回【管理网站】对话框，单击【完成】按钮，返回 Dreamweaver CS3 编辑窗口。

图 2-55　测试远程网站是否能够正常连接

5 打开【文件】面板，然后单击面板右边的【展开与显示本地和远端网站】按钮，打开【网站】编辑窗口。

6 单击【连接到远端主机】按钮，连接远程网站，然后在【本地文件】窗格中选择网站，单击【上传文件】按钮，如图 2-56 所示。

7 弹出对话框后，单击【确定】按钮，即可将网站的文档上传到远端网站，上窗网站结果如图 2-57 所示。

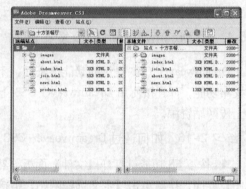

图 2-56　上传整个网站文档　　　　　　　　图 2-57　上传网站的结果

2.5.5　用 FTP 软件发布网站

除了使用 Dreamweaver CS3 发布网站外，也可使用专业的 FTP 软件将本地网站文档上传到远程网站，实现发布网站的目的。对于 FTP 软件而言，CuteFTP 最受用户欢迎。

> **TIPS▶** CuteFTP 是一个全新的商业级 FTP 客户端程序，通过构建于 SSL 或 SSH2 安全认证的客户机/服务器系统进行传输，为 VPN、WAN、Extranet 开发管理人员提供最经济的解决方案。

练习 2-17　如何使用 CuteFTP 5.0 XP 程序发布网站

1 打开 CuteFTP 软件，选择【文件】|【站点管理器】命令，如图 2-58 所示。

2 打开【站点设置新建站点】对话框，先单击下方的【新建】按钮，新建一个站点标签，然后分别在"站点标签、FTP 主机地址、FTP 站点用乎名称、FTP 站点密码"文本框输入站点标签名称、主机地址、登录帐号和密码，然后单击【连接】按钮，如图 2-59 所示。

3 连接至远端网站后，在 CuteFTP 窗口中间一栏的左边窗格中先指定网站文件的所在位置，如图 2-60 所示。

图 2-58　新建 FTP 网站

4 选择左边文档窗格需要上传的网站文件，然后拖到右边远端网站文件窗格，即可将选定的文档上传到远端网站，如图 2-60 所示。

图 2-59　设置网站属性

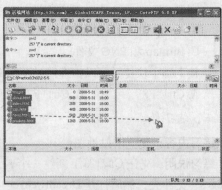

图 2-60　上传本地网站文档至远端网站

2.6　本章小结

本章先让大家了解创建 Web 网站的准备工作，然后逐步介绍创建 Web 网站和创建和管理网站资源与网站地图的知识，并延伸到维护与发布网站的方法及技巧，让大家能够在设计网页前即具备网站架设与管理的知识，以便后续网站网页制作的工作。

2.7　本章习题

一、填充题

1. HTML_____是多数静态网站所使用的开发语言，可以用简单的_____来编写。

2. 远程文件夹是_____的某个文件夹，它使网站可以被网络用户访问。

3. 动态文件夹亦即是_____文件夹，用来_____、_____和_____动态网页的文件夹。

4. 通过 Dreamweaver CS3 定义网站的方法有_____和_____两种。

5. 用户制作动态网页且选择在本地测试，就必须先安装_____系统组件。

6. 网站默认以_____或_____开头的网页作为主页。

7. 网站地图是整个网站的_____，它以_____显示网站中各网页的链接关系。

8. 在默认的状态下，网站地图以列数_____、列宽_____的规格显示。

二、选择题

1. 以下哪个不属于本地 Web 网站的组成部分？　　　　　　　　　　　　(　　)

　　A. 本地文件夹　　　　B. 远程文件夹　　　　C. 动态文件夹　　　　D. 网站地图文件夹

2. 以下哪个不属于网站地图的作用？　　　　　　　　　　　　　　　　(　　)

　　A. 可以妥善规划整个网站

　　B. 能够预先为网页之间建立链接，形成网站的关联结构

　　C. 能够利用网站地图设计页面的布局

　　D. 可以显示网站结构，当多人共同作业时，可以作为工作依据，维护网站的统一性

3. 在默认的状态下，网站地图什么方式显示图标标签？ （　　）

　　A. 文件名称　　　　B. 页面标题　　　　C. 链接文字　　　　D. 随机

4. 在 Dreamweaver 中，可以将网站地图保存为哪两种格式的图像文件？ （　　）

　　A. itmap 和 JPEG 文件　　　　　　　　B. PNG 文件和 GIF 文件

　　C. Bitmap 和 PNG 文件　　　　　　　　D. JPEG 文件和 GIF 文件

5. 按下哪个快捷键可以检查网站范围的链接？ （　　）

　　A. Ctrl+F8　　　　B. Ctrl+F7　　　　C. Shift+F8　　　　D. F8

三、练习题

练习内容：建立网站地图

练习说明：先在 C:/盘符下新建一个名为"Company"的文件夹，接着在此文件内新建一个"images"文件夹。然后打开 Dreamweaver 应用程序，通过"高级"方法将"company"文件夹定义为"施博集团"网站的本地根文件夹、"images"文件夹定义为默认图像文件夹，并在定义网站时创建"index.html"网站主页，接着在【文件】面板为网站分别新建"about.html、product.html、commend.html、service.html"文档，并且将这些文档与"index.html"建立网站地图，最终效果如图 2-61 所示。

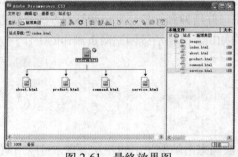

图 2-61　最终效果图

操作提示：

1. 启动 Dreamweaver 应用程序，然后在菜单栏选择【网站】|【新建网站】命令，弹出【网站定义】对话框后，选择【高级】选项卡。

2. 在【分类】列表框选择【本地信息】选项，设置网站名称为"施博集团"，然后指定本地根文件夹和默认图像文件夹。

3. 选择"网站地图布局"选项，在【主页】文本框中直接输入主页名称（本操作题输入"index.html"），其他以默认设置即可。

4. 完成上述设置后，即可单击【确定】按钮，完成网站定义信息设置。

5. 返回 Dreamweaver 编辑窗口，打开【文件】面板，在定义的网站上单击鼠标右键，然后从弹出的菜单中选择"新建文件"命令。

6. 当出现新建文件后，在重命名状态下更改文件名称为"about.html"，最后单击 Enter 键。

7. 依照相同的方法，新建"product.html、commend.html、service.html"文件。

8. 单击【文件】面板右边的【展开与显示本地和远端网站】按钮，打开【网站】编辑窗口，然后单击【网站地图】按钮，从弹出的菜单中选择【地图和文件】命令。

9. 切换到"地图和文件"视图后，选择"index.html"文件，待文件图标右上角出现图标后，将其拖到需要与"index.html"建立链接关系的网页上即可。

第 3 章   网页文本编排与设置

教学目标

掌握文本设置与段落编排的各种方法，为网页设计奠定基础。

教学重点与难点

 ➤ 输入文本和文本属性的设置
 ➤ 换行、断行、对齐、凹凸等段落编排
 ➤ 制作编号与项目类型的列表内容
 ➤ 插入文本及符号内容的方法
 ➤ 文本检查、查找与替代

3.1　文本输入与属性设置

没有文字内容的网页即使拥有再漂亮的外观设计也会显得单调，而且无法直观的表达信息。为网页加入文字再配以图片，才能做到图文并茂的效果。

3.1.1　编辑字体列表

Dreamweaver CS3 的【字体】列表除了"宋体"和"新宋体"两种中文字体外，其余为英文字体。如果需要使用"楷体"、"隶书"、"黑体"等其他字体时，就需要先把字体添加至Dreamweaver CS3 的【字体】列表中，否则无法为文本设置这些字体。

> 【字体】列表在 Dreamweaver CS3 的【属性】面板上，它提供了"默认字体、宋体、
> 新宋体"三种中文字体。其中，"默认字体"就是"宋体"，选择这两项中的任意一项，
> 字体效果都是相同的。

📖 练习 3-1　如何在 Dreamweaver CS3 中编辑字体列表

　1 按下 Ctrl+F3 快捷键打开【属性】面板，单击【字体】项目右边的按钮，打开下拉列表框，再选择【编辑字体列表】选项，如图 3-1 所示。

　2 打开【编辑字体列表】对话框后，在【可用字体】列表框中选择需要添加到字体列表的字体，然后单击 按钮，将字体加入到【选择的字体】列表框，如图 3-2 所示。

　　　　　图 3-1　选择【编辑字体列表】选项

　图 3-2　将字体加入"选择的字体"列表框

3 依照步骤 2 的方法，将需要使用的字体加入到【选择的字体】列表框，最后单击【确定】按钮即可。

3.1.2 设置文本大小与颜色

一般状态下，在 Dreamweaver CS3 编辑窗口中为网页输入的文字自动以最适合的大小显示。在没有重新设置文字大小的情况下，从编辑窗口中所看到的文本大小并非如同在浏览器看到的一样。这是因为浏览器使用不同的文字大小，从而影响到网页中文字的显示大小，当浏览器使用不同文字大小浏览时，网页将产生文字变化，如图 3-3 所示。因此，为了避免上述的情况发生，在输入文本后，必须针对设计需要设置文本大小，如此就可以避免网页文字受到浏览器文字大小的影响。

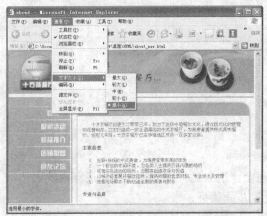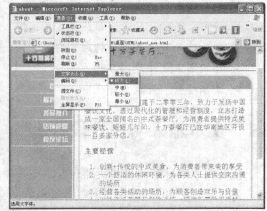

图 3-3　浏览器使用不同文字大小浏览时，网页产生的文字变化

默认情况下，为网页输入的文本显示为黑色，为了使文本资料与网页整体外观相适应，可设置不同的文本颜色。例如作为标题的文本，可以设置较为鲜艳的颜色，以便能够吸引浏览者的眼光。

Dreamweaver CS3 默认使用 "立方色" 的颜色系统，另外还提供 "连续色调、Windows 系统、Mac 系统、灰度等级" 等颜色系统。可将颜色列表全部以网页安全色显示。若需要更改颜色系统，可以打开颜色列表后，单击右上角的三角形按钮，再从弹出的快捷菜单中选择合适的颜色系统即可，如图 3-4 所示。

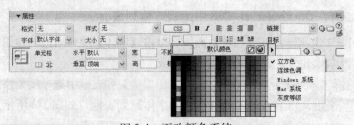

图 3-4　更改颜色系统

网页安全色是指在不同硬件环境、不同操作系统、不同浏览器中都能够正常显示的颜色集合，也就是说这些颜色在任何终端显示设备上的显示效果都是相同。通过设置安全色，可避免网页出现失真的问题，所以有经验的设计师常会使用网页安全色。

练习 3-2　如何设置文本大小与颜色

1 打开配套光盘中的"\练习素材\Ch03\3-1-2.html"文档，再选择其中的文本，如图 3-5 所示。

2 按下 Ctrl+F3 快捷键打开【属性】面板，然后打开【大小】下拉列表框，选择文本大小参数，如图 3-5 所示。

3 单击 图标右下角的倒三角按钮，再通过滴管工具从弹出的颜色列表中选择合适的颜色，如图 3-6 所示。

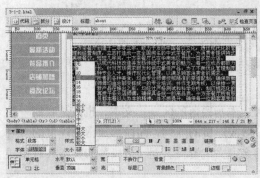

图 3-5　设置文本大小

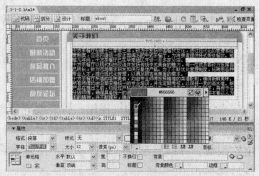

图 3-6　选择文本颜色

除了通过滴管工具在弹出的颜色列表中选择颜色外，还可以在 图标右边的文本框中直接输入十六进制的颜色值，例如"#666666"即可表示如图 3-6 所示选择的颜色。

3.1.3　设置文本外观样式

为了避免文字过于单调，Dreamweaver CS3 为用户提供了多种文本样式设置，例如常用的粗体、斜体、下划线，还有删除线、强调、打字型等样式。通过设置不同的样式，可以让文本显得更加醒目，适合用在一些特殊用途上。

练习 3-3　如何设置文本样式

1 打开配套光盘中的"\练习素材\Ch03\3-1-3.html"文档，选择需要设置文本颜色的内容，如图 3-7 所示。

2 打开【属性】面板，然后单击【粗体】按钮 **B** 和【斜体】按钮 *I*，设置倾斜的加粗样式，如图 3-7 所示。

3 根据步骤 2 相同的操作再为下方的另一标题文本设置倾斜的加粗样式。

4 除了【属性】面板提供的粗体和斜体按钮外，还可以在菜单栏选择【文本】|【样式】命令，然后从如图 3-8 所示的子菜单中选择其他文本样式。另外，打开【插入】面板，并切换到【文本】选项卡，也可设置"粗体、斜体、加强"等文本样式，如图 3-9 所示。

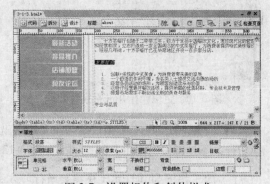

图 3-7　设置粗体和斜体样式

 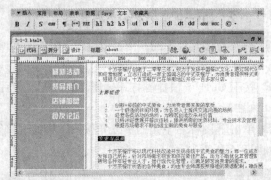

图 3-8　从菜单中选择文本样式　　　　图 3-9　从【插入】面板的【文本】选项卡设置文本样式

3.2　段落文本的编排

学习段落文本的编排操作，首先要弄清楚一般文本与段落的区别。文本，也就是我们一般所看到的文字及符号内容，能以多种形式多行、分散或连贯的陈列；而段落通常由连贯的一组文字组成，并以回车键结束，从而产生承前启后的多组文字资料。同一个段落的文本具有相同的段落格式。

3.2.1　文本换行与断行

文本换行将新起一行，表示完成一个段落而开始新的段落。但若以断行方式新起一行，所新起的行与上一行仍属于一个段落。

🖱练习 3-4　如何使文本换行与断行

1 打开配套光盘中的"\练习素材\Ch03\3-2-1.html"文档，将光标定位在如图 3-10 所示的"……一百多家分店"文字后，然后按下 Enter 键换行。

2 换行后将光标定位在"顾客消费者的需求"文字后，然后按下 Shift+Enter 快捷键进行断行处理，如图 3-11 所示。

图 3-10　定位光标并进行换行处理　　　　图 3-11　定位光标定进行断行处理

3 当文本换行后，上个段落与下个段落就会出现一行的分隔空间；而文本断行后，文本会换新行，不过却没有产生分隔空间。如图 3-12 所示。

 除了按下 Shift+Enter 快捷键断行的方法外，还可以通过插入"换行符"的方法进行断行。首先打开【插入】面板，然后选择【文本】选项卡，然后单击【换行符（Shift+Enter）】按钮即可。

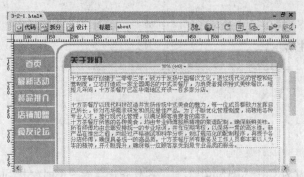

图 3-12　换行和断行的结果

3.2.2　设置段落格式

Dreamweaver CS3 提供了多种文本格式设置，包括"标题 1~标题 6"、"段落"、"预先格式化的"等格式。如果需要为文本设置段落格式，只需通过【属性】面板的【格式】下拉列表框所列的选项即可。

练习 3-5　如何设置段落格式

1 打开配套光盘中的"\练习素材\Ch03\3-2-2.html"文档，拖动鼠标选择需要设置段落格式的段落或文本，如图 3-13 所示。

2 打开【属性】面板，然后打开【格式】下拉列表框，并选择合适的段落格式，如图 3-13 所示。

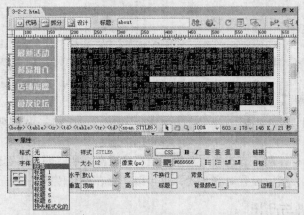

图 3-13　设置段落格式

因为段落格式作用对象是整个段落，所以即使不选择文本，而只将光标定位在段落任何位置，然后设置的段落格式都会作用才整个段落，即可段落会产生对应的格式。

3 除了上述方法外，可以在菜单栏中选择【文本】|【段落格式】命令，然后通过弹出的子菜单设置段落格式。

3.2.3　设置段落对齐方式

默认状态下，段落文本都是依照一般的阅读习惯靠左对齐。但在一些网页内容编排上，为了设计的美观经常需要调整段落文本的对齐方式，以满足设计的需求。

Dreamweaver CS3 提供了"左对齐、居中对齐、右对齐、两端对齐"四种对齐方式，这四种对齐方式如图 3-14 所示。

图 3-14　各种对齐方式的效果

 左对齐快捷键为 Ctrl+Alt+Shift+L 键，右对齐快捷键为 Ctrl+Alt+Shift+R 键，居中对齐快捷键为 Ctrl+Alt+Shift+C 键，两端对齐快捷键为 Ctrl+Alt+Shift+J 键。

练习 3-6　如何设置段落对齐方式

1 打开配套光盘中的"\练习素材\Ch03\3-2-3.html"文档，拖动鼠标选择需要设置对齐的文本标题，如图 3-15 所示。

2 打开【属性】面板，单击【居中对齐】按钮，居中对齐所选文本，如图 3-15 所示。

3 根据步骤 2 相同的操作方法，再为下方的另一标题文本设置居中对齐，结果如图 3-16 所示。

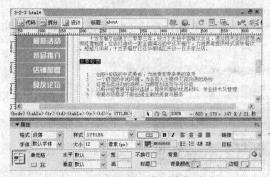

图 3-15　设置"居中对齐"方式　　　　图 3-16　对齐另一文本

如同段落格式一样，对齐方式作用对象也是整个段落，所以即使不选择文本，而只将光标定位在段落任何位置，然后设置对齐方式，也可以作用在整个段落。

3.2.4　段落的缩进与凸出

文本缩进指将文本从两端向中央收缩，凸出就刚好相反，即文本从中央向两端扩展。在一些段落编排中，文本的缩进和凸出可满足对文本特殊位置的调整需求。

 文本缩进是一种收缩行为，但作用的文本不会因收缩区域而缩小大小，当收缩区域不足以放置原来的文本内容时，文本就会在维持在同一段落的情况下自动换行。反之，凸出也不会改变文本大小，而是改变文本的行的数目。

练习 3-7　如何设置文本缩进与凸出

1 打开配套光盘中的"\练习素材\Ch03\3-2-4.html"文档，将光标定位在需要缩进或凸出的段落上，也可拖动鼠标选择整个段落，如图 3-17 左所示。

2 打开【属性】面板，然后单击【文本缩进】按钮 ，将段落向中央缩进，效果如图 3-17
右所示。

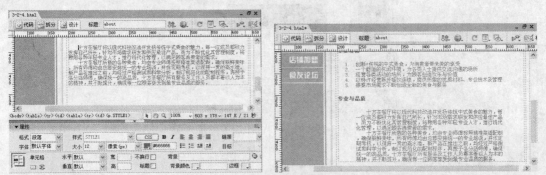

图 3-17　设置文本缩进

3.3　制作列表文本内容

在网页中编排一些类型相同的特定文本内容或者具有序列关系的文本内容时，可通过列表
的方式来呈现。这样不仅可以使网页的文本资料显得整齐规则，而且便于阅读。

3.3.1　项目列表

对于一些具有相同或相似属性的文本内容，可以通过设置项目符号，将这些内容排列成项
目，以组成一组独立的特殊文本资料。

练习 3-8　如何为文本设置项目列表

1 打开配套光盘中的"\练习素材\Ch03\3-3-1.html"文档，拖动鼠标选择需要设置项目符
号的段落，如图 3-18 左所示。

2 打开【属性】面板，然后单击【项目列表】按钮 ，将选定的段落设置成项目列表内
容，如图 3-18 左所示，设置项目列表后的效果如图 3-18 右所示。

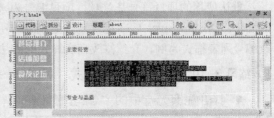

图 3-18　设置项目列表

"项目列表"功能作用的对象是段落，所以若多行的文本是以断行的方式换行的（即
属于同一段落），那么设置项目列表后，该段落全部行都属于同一项目，即只会显示
一个项目列表符号，如图 3-19 所示。

图 3-19　项目列表作用于段落

3.3.2　编号列表

对于具有序列属性的一组且分为多个段落的文本内容，可制作成编号列表，从而使这些特定的内容独立于其他内容之外，同时便于阅读和理解。

练习 3-9　如何为文本设置编号列表

1 打开配套光盘中的"\练习素材\Ch03\3-3-2.html"文档，拖动鼠标选择到需要设置编号列表的段落，如图 3-20 所示。

2 打开【属性】面板，然后单击【编号列表】按钮，将选定的段落设置成编号列表内容，如图 3-20 所示，设置文本编号列表的结果如图 3-21 所示。

图 3-20　设置编号列表内容

图 3-21　设置项目编号的结果

3.3.3　修改列表样式

默认使用的项目符号是"●"，项目编号为"1．2．3……"，为了使文本列表的外观有更多的变化，Dreamweaver CS3 提供了其他效果的列表样式，例如方形、字母编号等等。下面以修改编号列表样式为例，介绍修改列表样式的方法。

练习 3-10　如何修改列表样式

1 打开配套光盘中的"\练习素材\Ch03\3-3-3.html"文档，拖动鼠标选择需要修改列表样式的列表内容。如图 3-22 所示。

2 在菜单栏选择【文本】|【列表】|【属性】命令，打开【列表属性】对话框后，在【样式】下拉列表框选择如图 3-23 所示的样式，最后单击【确定】按钮即可。最终效果如图 3-24 所示。

图 3-22　选择列表内容

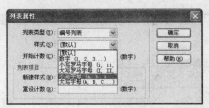
图 3-23　变更列表样式

图 3-24　修改列表样式后的结果

使用【列表属性】对话框可以设置整个列表或个别列表项的外观。其中包括设置编号样式、重置计数或设置个别列表项目或整个列表的项目符号样式选项。相关的选项设置说明如下：

● 列表类型：指定列表属性，通过下拉列表框可以选择项目、编号、目录或菜单列表。

● 样式：用于编号列表或项目列表的编号或项目符号的样式。所有列表项目都将具有该样式，除非为列表项目指定新样式。

● 开始计数：设置第一个编号列表项的值。

另外，"列表项目"是指设置列表中的个别项目。

3.4　插入文本及符号内容

在一些文本编辑中，常常需要输入一些特殊的文本或符号，例如插入水平线以分隔内容、插入货币符号以表示各国货币等。Dreamweaver CS3 提供了插入各种特殊文本和符号的功能，可以方便网页设计工作。

3.4.1　插入日期内容

在一般的情况下，要在网页中输入当前日期，可以直接通过手动的方式输入日期，不过这种方法不够快捷，而且容易出错。为此，Dreamweaver CS3 提供了插入日期的功能，使用户可以插入不同格式的当前日期，而且还可以设置是否显示时间信息。

◎练习 3-11　如何插入日期内容

1 打开配套光盘中 "\练习素材\Ch03\3-4-1.html" 文档，将光标定位在需要插入日期的位置，如图 3-25 左所示。

2 在【插入】面板的【常用】选项卡中单击【日期】按钮，打开【插入日期】对话框后，分别设置星期、日期、时间格式，如图 3-25 右所示。

图 3-25　插入日期

3 若需要在储存网页时自动更新插入的日期，可以选择【储存时自动更新】复选框，最后单击【确定】按钮。最终结果如 3-26 所示。

图 3-26　插入日期的结果

 在【插入日期】对话框中显示的日期和时间不是当前日期，也不代表浏览者在网页上所看到的时期/时间，它们只是说明日期或时间的显示方式而已。

除了上述方法外，也可在菜单栏中选择【插入记录】|【日期】命令，同样可以通过插入日期。

3.4.2　插入水平线

水平线在 HTML 网页中的标签为"<hr>"，是编写 HTML 时产生的对象，其作用主要是分隔网页内容。为网页所插入的水平线将自动横跨其所在的表格或单元格、AP 元素，或是整个网页，并根据浏览器窗口大小变化自动伸缩。

练习 3-12　如何插入水平线

1 打开配套光盘中的"\练习素材\Ch03\3-4-2.html"文档，将光标定位在需要插入水平线的位置，如图 3-27 所示。

2 在菜单栏选择【插入记录】|【HTML】|【水平线】命令，如图 3-27 所示。此时即插入水平线对象，而且以一个独立的段落呈现，结果如图 3-28 所示。

图 3-27　定位光标

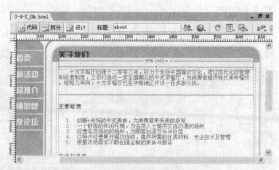

图 3-28　插入水平线的结果

3.4.3　插入特殊符号

使用的键盘一般都提供了一些常用的符号键，例如"@、#、$、&"等，不过对于一些特殊的符号，则无法直接通过键盘输入。为此，Dreamweaver CS3 提供了插入特殊字符的功能，以便在网页上插入各种符号。下面将以为网页插入版权符号为例，介绍插入特殊字符的方法。

练习 3–13 如何插入特殊字符

1 打开配套光盘中的"\练习素材\Ch03\3-4-3.html"文档，将光标定位在需要插入符号的位置，如图 3-29 所示。

2 在【插入】面板中切换至【文本】选项卡，单击【字符】按钮右边的·图示，展开下拉选单选择【版权】命令，插入版权字符，如图 3-29 所示。

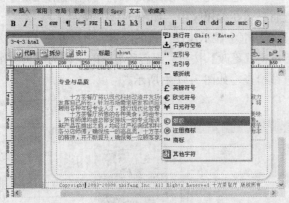

图 3-29 插入符号

除了通过命令方法插入特殊字符外，还可以在菜单栏中选择【插入记录】|【HTML】|【特殊字符】命令打开子菜单，从中选择所需的符号项目即可。在网页中插入文本符号后，所看到的符号略小于其相邻的文本内容，而当使用浏览器浏览网页时，便可看到精确大小的符号，如图 3-30 所示。

图 3-30 插入符号的结果

3.5 文本检查、查找与替代

当处理大量的文本内容时，很容易出现错误，例如拼写错误、语法错误、字词重复等问题。虽然这些是小问题，不过却影响了网页的品质。所以在完成网页设计后，需要通过检查将错误的文本修正。

3.5.1 文本的拼写检查

为了避免英文或其他语言拼写错误，可以使用"检查拼写"命令来检查当前文档，找出有错的拼写，以便修正。

练习 3-14　如何检查文本拼写错误

1 打开配套光盘中的"\练习素材\Ch03\3-5-1.html"文档，在菜单栏选择【文本】|【拼写检查】命令，或者按下 Shift+F7 快捷键，以便对页面的文本进行拼写检查。

2 当 Dreamweaver CS3 遇到无法识别的单词时，将显示的【检查拼写】对话框，同时所检查到的文本所在位置将显示在编辑区中，如图 3-31 左所示。

3 在【检查拼写】对话框中显示建议修改的内容，用户可在【更改为】文本框中输入需要修改的正确拼写，然后单击【更改】按钮，而若所显示的单词为网页所用的正确内容，则可单击【忽略】按钮，跳过该检查，如图 3-31 右所示。

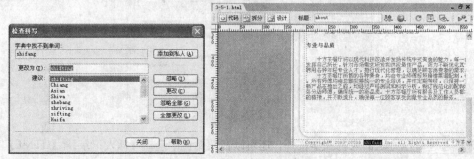

图 3-31　更改拼写错误

4 当检查结束后，将弹出对话框询问是否继续从头检查，单击【否】按钮结束检查，再显示对话框，单击【确定】按钮完成拼写查检处理，如图 3-32 所示。

默认情况下，拼写检查器使用美国英语拼写字典。若需要更改拼写字典，可以选择【编辑】|【首选参数】命令，在弹出的对话框中选择【常规】项，再变更【拼写字典】设置即可，如图 3-33 所示。

图 3-32　完成失拼写检查

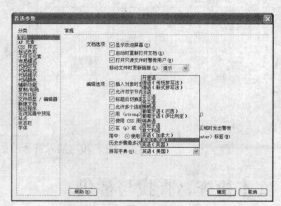

图 3-33　更改拼写字典

3.5.2 查找所选的内容

在检查网页中的文本内容时，有时需要统计相同的文本内容。如果在通篇网页中逐一寻找将会耗费精力，同时也无法保证不会遗漏。这种情况下，可先在网页中选择需要查找的文本，然后使用"查找所选"或"查找下一个"功能来快速查找。

练习 3-15 如何查找所选内容

1 打开配套光盘中的"\练习素材\Ch03\3-5-2.html"文档，首先选择需要查找的内容，例如本例选择练习文档中的"十方茶餐厅"文本，如图 3-34 所示。

2 在菜单栏选择【编辑】|【查找所选】命令，或者按下 Shift+F3 快捷键，Dreamweaver CS3 自动往下查找页面中第二组"十方茶餐厅"文本。

3 选择【编辑】|【查找所选】命令，或者按下 Shift+F3 快捷键，可以继续往下查找所选内容。若选择【编辑】|【查找下一个】命令，或按下 F3 功能键，也可往下查找下一个所选内容。如图 3-35 所示。

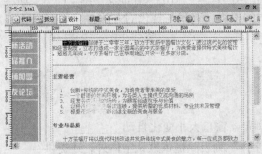 

图 3-34 选择将要查找的文本　　　　　　　图 3-35 继续查找其他相同文本

3.5.3 批量替代文本

在网页中发现有错误的文本内容时，可以直接手动将其修正。若是网页中还有其他相同的错误的文本内容时，可使用"查找和替换"功能将网页中相同的多处错误内容快速替换成正确的内容。下面将查找出网页中的"十方餐厅"文本，并替换成"十方茶餐厅"。

练习 3-16 如何批量替代文本

1 打开配套光盘中的"\练习素材\Ch03\3-5-3.html"文档，再选择"十方餐厅"文本，如图 3-36 所示。

2 在菜单栏选择【编辑】|【查找和替换】命令，或者按下 Ctrl+F 快捷键打开【查找和替换】对话框，然后在【替换】文本框内输入"十方茶餐厅"文本，如图 3-37 所示。然后单击【替换全部】按钮。

 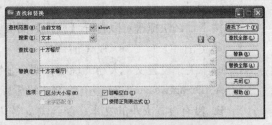

图 3-36 选择查找和替换内容　　　　　　　图 3-37 替换全部符合条件的内容

3 替换成功后，结果将会显示在【结果】面板的【搜索】选项卡内，如图 3-38 所示。

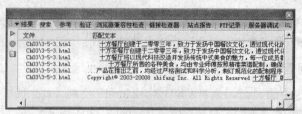

图 3-38　替换的结果

3.6　本章小结

本章通过丰富的实例分别介绍了 Dreamweaver CS3 各种文本编辑方法,包括编辑字体列表、设置文本大小/颜色/样式、文本换行和断行、段落格式的设置、制作项目符号和编号内容、插入日期/水平线/特殊字符等方法,同时还介绍了文本的检查、查找与替代的方法。

3.7　本章习题

一、填充题

1. 水平线会自动_____网页页面,并根据浏览器窗口大小变化自动_____。

2. 在默认的状态下,Dreamweaver CS3 在"字体"列表除提供默认字体外,还提供_____和_____两种中文字体。

3. Dreamweaver CS3 默认使用_____颜色系统,此外还提供_____、_____、_____等颜色系统。

4. 网页安全色是是指在不同_____、不同_____、不同_____都能正常显示的颜色集合。

5. 按下_____快捷键可以对文本进行断行处理。

6. Dreamweaver CS3 提供了_____、_____、_____、_____四种对齐方式。

7. 为了避免英文或其他语言拼写错误,可以使用_____命令来检查文档.

8. 按下_____快捷键,可以对页面的文本进行拼写检查。

9. 通过_____命令,可以将错误的内容查找出来,并替换成正确的内容。

10. 按下_____快捷键,可以打开【查找和替换】对话框。

二、选择题

1. 为网页进行检查拼写处理时无法进行以下哪项操作?　　　　　　　　　　　（　　）

　　A. 删除错误　　　　　　　　　　　　B. 添加到私人字典

　　C. 更改　　　　　　　　　　　　　　D. 忽略处理

2. 按下什么快捷键可以打开【属性】面板?　　　　　　　　　　　　　　　　（　　）

　　A. Ctrl+F2　　　　　B. Ctrl+F3　　　　　C. Shift+F3　　　　　D. F9

3. 以下关于设置文本大小的说明,哪个是错误的?　　　　　　　　　　　　　（　　）

　　A. Dreamweaver CS3 没有给文本设置默认的大小

　　B. 没有设置大小的文本,受到浏览器"文字大小"设置的影响

　　C. 文本使用数值方式设置大小后,其大小不会受浏览器"文字大小"设置影响

　　D. 文本设置"中"大小后,其大小不会受浏览器"文字大小"设置影响

4. "项目列表"功能作用的对象是?　　　　　　　　　　　　　　　　　（　　）

　　A. 单个文本　　　　　B. 段落　　　　　　C. 字符　　　　　　D. 图片

5. 水平线的 HTML 标签为是?　　　　　　　　　　　　　　　　　　　（　　）

　　A. <li>　　　　　　　B. <body>　　　　　C. <hr>　　　　　　D. <url>

三、练习题

练习内容: 设置网页文本格式

练习说明: 先打开配套光盘中 "\练习素材\Ch03\3-7.html" 文档，为下方一组 "主要经营" 进行换行处理，并为该组文本设置项目列表，接着分别为网页中所有文本设置桔红色（#FF6600），为项目列表文本单独设置字体大小为 13，最终效果如图 3-39 所示。

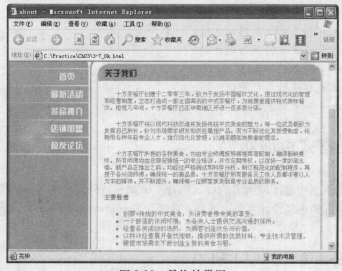

图 3-39　最终效果图

操作提示:

1. 定位光标在 "主要经营" 标题下方的文本段落的第一个句话后面，按下 Enter 键换行，并以相同的方法再为该段落其他句号处进行换行处理。

2. 拖动选择换行后的五行文本，在【属性】面板中单击【项目列表】按钮 ≣。

3. 拖动选择所有文本，在【属性】面板中单击 ▢ 图示右小角的倒三角按钮，从弹出的颜色列表框中选择 "桔红色"（#FF6600）。

3. 拖动选择下方的项目列表内容，在【属性】面板中的【大小】栏设置大小参数为 13px。

第4章 表格制作、美化与自动化处理

教学目标

掌握在网页中创建布局表格和标准表格的方法，并能熟练使用这些表格进行页面布局以及编排内容。

教学重点与难点

➤ 在页面中设置跟踪图像，作为布局蓝图
➤ 绘制布局表格和布局单元格的方法
➤ 在网页插入和设置表格属性的方法
➤ 编辑表格和单元格的基础
➤ 对表格和单元格进行美化处理
➤ 排序表格和导入表格式数据的方法

4.1 设计表格式页面布局

页面布局是指网页中各区域内容的位置组合，例如导航列、文本、主题图像和 Flash 动画等内容的放置。网页的布局设计主要由表格来实现，Dreamweaver CS3 为网页的布局设计专门提供了布局表格。

4.1.1 设置跟踪图像

进行网页设计时可以先将最初的构思绘制成网页版面草图，再根据设计草图制作成最终的 Web 页面。在 Dreamweaver CS3 的网页设计中，专门提供了"跟踪图像"功能用于辅助网页的布局处理。设计草图便可作为网页的跟踪图像，当为网页指定跟踪图像后，便可在页面上显示网页的布局底稿（同时可设置一定透明度），在布局底稿的基础上绘制布局表格。

跟踪图像是指放在【文档】窗口背景中的 JPEG、GIF 或 PNG 图像，用于辅助页面设计。设计人员可以隐藏跟踪图像、设置图像的不透明度和更改图像的位置。

练习 4-1 如何在 Dreamweaver CS3 中设置跟踪图像

1 打开配套光盘中的"\练习素材\Ch04\4-1-1.html"文档，在菜单栏中选择【查看】|【跟踪图像】|【载入】命令，弹出对话框后选择"\练习素材\Ch04\4-1-1.png"素材图像，然后单击【确定】按钮，如图 4-1 所示。

2 打开【页面属性】对话框，通过拖动【透明度】的滚动条调整图像的透明程度，完成后单击【确定】按钮，如图 4-2 所示。

跟踪图像仅在 Dreamweaver CS3 的编辑窗口中可见的。当在浏览器中查看页面时，跟踪图像不可见。若编辑窗口显示了跟踪图像，那么【文档】窗口将不会显示页面的实际背景图像和颜色；但在浏览器中查看页面时，背景图像和颜色是可见的。

图 4-1　载入跟踪图像

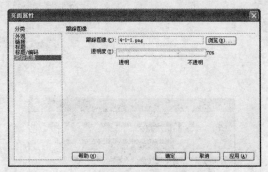

图 4-2　设置跟踪图像的透明度

3 若需要调整跟踪图像的位置，可以选择【查看】|【跟踪图像】|【调整位置】命令，然后通过【调整跟踪图像位置】对话框设置图像的 X/Y 坐标即可，如图 4-3 所示。

4 若需要在【文档】窗口隐藏跟踪图像，选择【查看】|【跟踪图像】|【显示】即可。

图 4-3　调整跟踪图像的位置

4.1.2　绘制布局表格

Dreamweaver CS3 提供了布局模式，在此模式下可以绘制专门用于布局网页版面的布局表格，可快速有效的达到设计布局的目的。下面将在上小节已载入跟踪图像的网页基础上，依照跟踪图像的结构绘制布局表格。

练习 4-2　如何绘制布局表格

1 打开配套光盘中的 "\练习素材\Ch04\4-1-2.html" 文档，在网页编辑区状态栏的【设置缩放比例】对话框中设置网页显示比例为 70%，如图 4-4 所示。

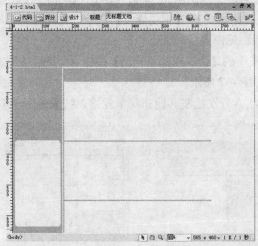

图 4-4　缩小文档的显示比例

2 选择【查看】|【表格模式】|【布局模式】命令，打开【从布局模式开始】对话框，单击【确定】按钮，如图 4-5 所示。

3 单击【插入】面板中的【布局表格】按钮 ，然后依照文档的跟踪图像拖动绘制布局表格，如图 4-6 所示。

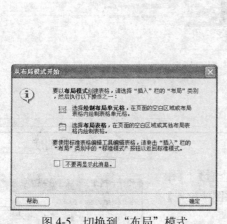

图 4-5 切换到"布局"模式

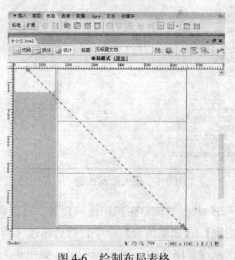

图 4-6 绘制布局表格

原则上，可以依照跟踪图像外框绘制一个布局表格即可，跟踪图像内的页面结构可以绘制成布局单元格。

4.1.3 绘制布局单元格

通过布局模式利用表格绘制页面大致布局后，即可在表格上绘制布局单元格，以处理布局内的结构。例如可以将表格分成几部分，分别作为导航、Logo 区域、主要内容、站点信息区域等。下面将在上一小节布局表格的基础上，依照跟踪图像的结构绘制布局单元格。

练习 4-3 如何绘制布局单元格

1 打开配套光盘中的"\练习素材\Ch04\4-1-3.html"文档，在网页编辑区状态栏的【设置缩放比例】对话框中设置网页显示比例为 70%，以缩小文档至可以显示全部跟踪图像。

2 选择【查看】|【表格模式】|【布局模式】命令，打开【从布局模式开始】对话框后，单击【确定】按钮切换到布局模式。

3 单击【插入】面板上的【绘制布局单元格】按钮，然后依照文档的跟踪图像在布局表格上绘制布局单元格，如图 4-7 所示。

4 依照步骤 3 的方法，分别绘制其他布局单元格，结果如图 4-8 所示。

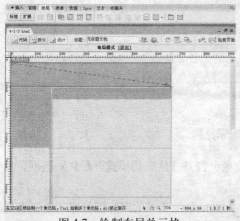

图 4-7 绘制布局单元格

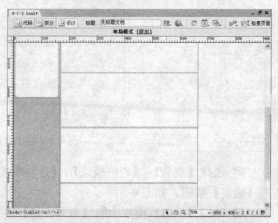

图 4-8 依照跟踪图像绘制布局单元格的结果

若要绘制多个布局单元格不必重复单击【绘制布局单元格】按钮，在绘制布局单元格时按住 Ctrl 键即可。

　　如果在靠近布局表格边缘的位置绘制单元格，则单元格的边缘会自动与包含它的布局表格的边缘对齐。若要临时禁用靠齐，可在绘制单元格时按住 Alt 键即可。

4.1.4　绘制嵌套布局表格

　　在 Dreamweaver CS3 中，可以将一个布局表格绘制在另一个布局表格中，创建嵌套表格。对外部表格所进行的更改不会影响嵌套表格中的单元格；例如当更改外部表格中的行或列的大小时，内部表格中单元格的大小不发生变化。

练习 4-4　如何绘制嵌套布局表格

　　1　打开配套光盘中的 "\练习素材\Ch04\4-1-4.html" 文档，选择【查看】|【表格模式】|【布局模式】命令切换到布局模式。

　　2　单击【插入】面板上的【布局表格】按钮，然后在文档的布局表格中拖动鼠标绘制嵌套布局表格，结果如图 4-9 所示。

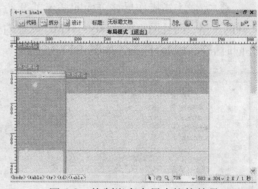
图 4-9　绘制嵌套布局表格的结果

可以插入多级嵌套表格，但是嵌套布局表格的大小不能超过包含它的表格。同时，不能在布局单元格中创建布局表格，而只能在现有布局表格的空白区域中或在现有单元格周围创建嵌套布局表格。

4.2　用标准表格编排内容

　　布局表格主要用于布局页面，而标准表格则是用于在页面上显示表格式数据，以及对文本和图形进行布局。

标准表格又称为 "HTML 表格"，它是用于在 HTML 页上显示表格式数据以及对文本和图形进行布局的强有力的工具。表格由一行或多行组成，每行又由一个或多个单元格组成，因此也可以说表格由单元格组成，如果表格只有一个单元格，那么这个表格的单元格就是本身。

4.2.1　插入表格

　　在 Dreamweaver 中为网页插入表格主要有以下三种方法：
　　方法 1　先指定需要插入表格的位置，然后选择【插入记录】|【表格】命令（或按下 Ctrl+Alt+T 快捷键），弹出【表格】对话框设置表格属性，然后单击【确定】按钮。
　　方法 2　打开【插入】面板，选择 "常用" 选项卡，再单击【表格】按钮，弹出【表格】对话框后设置表格属性，然后单击【确定】按钮即可。

方法3 打开【插入】面板,选择"布局"选项卡,再单击【表格】按钮圖,弹出【表格】对话框后设置表格属性,然后单击【确定】按钮即可。

练习 4-5 如何通过插入面板的布局选项卡插入表格

1 打开配套光盘中的"\练习素材\Ch04\4-2-1.html"文档,在【插入】面板选择【常用】选项卡。

2 将光标定位在需要插入表格的位置上,在【插入】面板中单击【表格】按钮圖,如图4-10所示。

3 弹出【表格】对话框后,设置表格行数为9、列数为2、表格宽度为98%、边框粗细和单元格边距以及单元格间距均为0,单击【确定】按钮,如图4-11所示。

4 完成上述操作后,页面即插入了9行2列的表格,而且网页的<body>HTML标签内亦同时插入<table>标签,如图4-12所示。

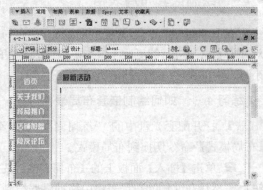

图4-10 插入标准表格

图4-11 设置表格属性

图4-12 插入标准表格的结果

4.2.2 设置表格属性

除了在插入表格时设置表格属性外,也可通过【属性】面板为已插入的表格设置属性,例如宽高、填充与间距、边框、表格 ID 等。

练习 4-6 如何通过属性面板设置表格属性

1 打开配套光盘中的"\练习素材\Ch04\4-2-2.html"文档,选择页面中的表格,然后按下 Ctrl+F3 快捷键打开【属性】面板。

2 在【属性】面板中为表格设置 ID 为"table01"、填充为 1、间距为 2、边框为 1,如图 4-13 所示。

单击【属性】面板右下角的倒三角形按钮,可以展开【属性】面板,以设置更多的属性,例如背景颜色、背景图像、边框颜色等。

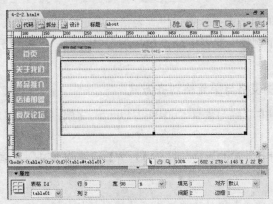

图 4-13　设置表格属性

4.2.3　设置单元格宽/高

单元格是表格中用于陈列网页中各种内容的具体空间，为了使陈列的内容美观得体，需要为单元格设置合适的宽度和高度。可在网页中定位光标选取某个单元格，或拖动选取一组单元格，从而通过【属性】面板设置其宽度和高度参数。

练习 4-7　如何设置单元格宽/高

1 打开配套光盘中的 "\练习素材\Ch04\4-2-3.html" 文档，拖动选择页面中表格第一列单元格，然后按下 Ctrl+F3 快捷键打开【属性】面板。

2 在【属性】面板的 "宽" 栏中输入参数为 50，如图 4-14 所示。

3 拖动选择表格第一至第三行单元格，在【属性】面板的 "高" 栏中输入参数为 25，如图 4-15 所示。

4 根据步骤 3 相同的操作方法，为表格中其他单元格行设置相应的高度，结果如图 4-16 所示。

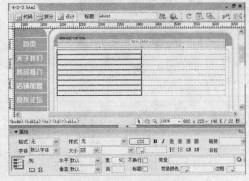

图 4-14　设置单元格宽度

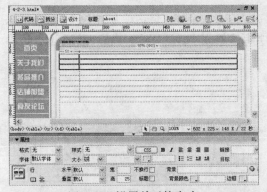

图 4-15　设置单元格高度

图 4-16　设置其他单元格高度

4.2.4　设置表格对齐方式

表格对齐方式是指表格相对页面或者表格外的其他对象的对齐效果；单元格对齐方式则指

数据相对于单元格边框的对齐效果。通过设置表格和单元格的对齐方式，可以更美观地编排数据或图形、文本内容。下例将设置表格对齐方式为"居中对齐"、单元格水平对齐方式为"居中对齐"。

练习 4-8　如何设置表格与单元格对齐方式

1 打开配套光盘中的"\练习素材\Ch04\4-2-4.html"文档，按下 Ctrl+F3 快捷键打开【属性】面板。

2 选择需要设置对齐方式的表格，打开【对齐】选项的下拉列表框，选择【居中对齐】选项，如图 4-17 所示。

> **TIPS** 单击表格的左上角、表格的顶边缘或底边缘的任何位置或者行或列的边框，都可把表格选中（当可以选择表格时，鼠标指针会变成表格网格图标）。另外，也可通过【修改】|【表格】|【选择表格】命令选中光标所在的表格。

3 拖动所选择表格的第一列单元格，在【属性】面板的【水平】选项下拉列表框，并选择【居中对齐】选项，设置单元格中的内容居中显示，如图 4-18 所示。

图 4-17　设置表格"居中对齐"

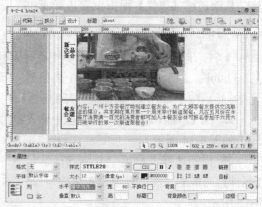

图 4-18　设置单元格"居中对齐"

4.2.5　手动调整表格大小

表格的大小可以通过在【属性】面板中设置宽、高参数调整，但这种方法不够直观，所以很多设计人员通常会直接手动调整表格，直观的判断表格大小合适程度。当然，如果需要精确的大小设置时，在【属性】面板设置输入表格宽、高数值就更加稳妥。

练习 4-9　如何手动调整表格大小

1 打开配套光盘中的"\练习素材\Ch04\4-2-5.html"文档，然后选中表格右边外边框，并向外拖动增大表格的宽度，如图 4-19 所示。

2 选中表格最底下的边框，然后往下拖动，增大表格的高度，如图 4-20 所示。

3 选中表格第 1 行与第 2 行的共用边框，然后向下拖动，增加第 1 行单元格的高度（单元

图 4-19　增大表格宽度

格高度增加后，整个表格的高度亦同时增加），如图 4-21 所示。

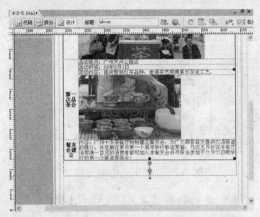

图 4-20　增大表格高度

图 4-21　增加第 1 行单元格高度

4.2.6　合并与拆分单元格

为网页直接插入的表格都是几行几列的规则表格，但在很多情况下，由于页面编排的需要，会对单元格进行合并与拆分。

练习 4-10　如何合并与拆分单元格

1 打开配套光盘中的 "\练习素材\Ch04\4-2-6.html" 文档，将光标定位在第一行的第二列单元格中，然后在【属性】面板中单击【拆分单元格为行或列】按钮，如图 4-22 所示。

2 打开【拆分单元格】对话框后，选择【行】选项按钮，在【行数】栏设置参数为 2，再单击【确定】按钮，如图 4-23 所示。

3 拆分单元格后，拖动选择第一行的第二列单元格中文本后半部分，然后拖动所选文本至拆分出来的单元格内，如图 4-24 所示。

图 4-22　拆分单元格

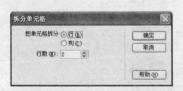

图 4-23　设置拆分单元格选项

图 4-24　调整单元格资料

4 拖动选择表格中第一列的第一至第三行单元格，然后在【属性】面板中单击【合并所选单元格，使用跨度】按钮，如图 4-25 所示。

5 根据步骤 4 相同的操作方法，再合并第一列中接下来三行单元格，结果如图 4-26 所示。

图 4-25 合并单元格 　　　　　　　　　图 4-26 合并其他单元格

 拆分单元格的快捷键是 Ctrl+Alt+S 键，合并单元格的快捷键是 Ctrl+Alt+M 键。

4.3　单元格美化处理

表格与单元格不但可以用来定位与编排网页内容，也可用来美化网页。只需通过对表格与单元格背景、边框属性的巧妙设置，即可达到美化的效果。

4.3.1　设置表格边框效果

在默认的状态下，若表格有显示的边框，其边框会以灰色显示。这种颜色比较单调，所以可以依照所需网页效果为表格边框设置合适的颜色，使之与整个页面配合更加美观。

 若想要为表格边框设置颜色，就不能让表格边框宽度为 0，否则设置的颜色无法在浏览器中显示出来。

练习 4-11　如何设置表格边框效果

1 打开配套光盘中的"\练习素材\Ch04\4-3-1.html"文档，然后按下 Ctrl+F3 快捷键，打开【属性】面板。

2 选择需要设置边框效果的表格，然后在【属性】面板中设置边框为 1、边框颜色为【#FF8C00】，如图 4-27 所示。

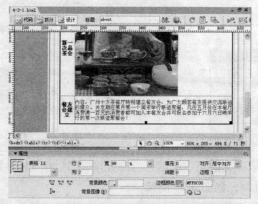

图 4-27　设置表格边框宽度与颜色

4.3.2　设置表格背景效果

表格背景效果有两种设置，一是设置背景颜色；二是设置背景图像。若同时设置这两种属性，那么背景图像会遮盖背景颜色的效果。

练习 4-12　如何设置表格背景图像

1 打开配套光盘中的"\练习素材\Ch04\4-3-2.html"文档，选择需要设置背景的表格，然后单击"背景图像"后的【浏览文件】按钮 □ 。

2 弹出【选择图像源文件】对话框后，选择"\练习素材\Ch04\images\bg.jpg"文件，然后单击【确定】按钮，如图 4-28 所示。

3 设置表格背景图像后，按下 F12 功能键，以预览网页效果，如图 4-29 所示。

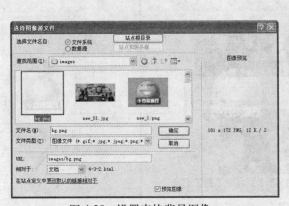

图 4-28　设置表格背景图像

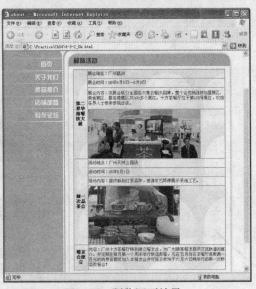

图 4-29　预览网页效果

4.3.3　设置单元格边框效果

表格边框属性影响表格外框和内框效果，而单元格表格则影响单元格本身上下左右四个内边框效果。通过表格边框与单元格边框效果的配合，可以达到美化表格的作用。

单元格边框属性影响单元格的内边框，所以当单元格之间的间距太小，其效果会不明显，所以需要设置较大的单元格间距，以便使边框的效果更明显。

练习 4-13　如何设置单元格边框效果

1 打开配套光盘中的"\练习素材\Ch04\4-3-3.html"文档，然后选择表格，通过【属性】面板设置间距为 1，如图 4-30 所示。

2 拖动所选择表格的第一列单元格，在【属性】面板中设置边框为【#FF6600】颜色，如图 4-31 所示。

3 依照步骤 2 的方法，为表格中从第 2 列起的所有单元格设置边框颜色为【#FFCC66】，效果如图 4-32 所示。

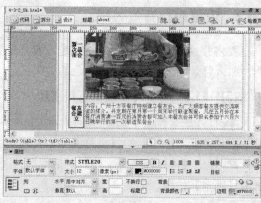

图 4-30　设置单元格间距　　　　　　　　　　　图 4-31　设置第 1 列单元格边框颜色

图 4-32　设置单元格边框颜色的效果

4.3.4　设置单元格背景效果

单元格背景与表格同样有背景颜色和背景图像两种属性设置。下例将在上小节范例的基础上，为表格第 1 行单元格设置背景颜色。

📎**练习 4-14　如何设置单元格背景效果**

1 打开配套光盘中的"\练习素材\Ch04\ 4-3-4.html"文档，拖动选择表格中第一列单元格。

2 打开【属性】面板，设置单元格背景颜色为【#FFCC66】，如图 4-33 所示。

与表格背景效果一样，同时设置单元格背景颜色和背景图像两种属性，背景图像会遮盖背景颜色的效果。

图 4-33　设置单元格背景颜色

4.4　表格自动化处理

为了方便用户快速使用表格设计网页，Dreamweaver CS3 提供了很多表格自动化处理功能。本节将针对比较常用的自动排序表格和导入表格式数据两种功能进行详细介绍。

4.4.1　自动排序表格

排序表格命令不但可以根据单个列的内容对表格中的行进行排序，还可以根据两个列的内容执行更加复杂的表格排序。下面将通过排序表格命令为表格进行排序，使之依照第 1 列的数字由小到大排列。

练习 4-15　如何自动排序表格

1 打开配套光盘中的 "\练习素材\Ch04\4-4-1.html" 文档，先选择网页左侧的表格，然后选择【命令】|【排序表格】命令，如图 4-34 所示。

2 弹出【排序表格】对话框后，设置按照第 1 列排序，并且按数字升序的方式排列，然后选择【排序包含第一行】复选框，如图 4-35 所示。

图 4-34　选择表格

图 4-35　设置表格排序

3 完成上述设置后，单击【确定】按钮，排序的结果如图 4-36 所示。

图 4-36　排序表格的结果

 排序表格命令无法应用至使用直行合并或横列合并的表格，即当行或列的单元格存在占用其他行或列单元格位置时，则无法使用排序表格命令。

如果按字母顺序对一组由一位或两位数组成的数字进行排序，则会将这些数字作为单词进行排序（排序结果如1、10、2、20、3、30），而不是将它们作为数字进行排序（排序结果如1、2、3、10、20、30）。

4.4.2 导入表格式数据

一般情况下，先创建表格，然后再输入相关的数据。不过这种方法比较麻烦，可以通过导入表格式数据的方法，将在另一个软件（例如 Excel、文本文件）中创建并以分隔文本格式（其中的内容以制表符、逗号、冒号、分号或其他分隔符隔开）保存的表格式数据导入到网页，并自动设置为表格的格式，如此大大节省了输入表格数据的时间。下例将已经保存为 TXT 格式文档的表格式数据导入到网页。

练习 4-16　如何导入表格式数据

1 打开配套光盘中的"\练习素材\Ch04\4-4-2.html"文档，将光标定位在网页左侧的空白单元格中，选择【文件】|【导入】|【表格式数据】命令。

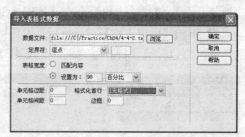

2 弹出【导入表格式数据】对话框后，指定配套光盘中的"\练习素材\Ch04\4-4-2.txt"文件，并设置定界符为"逗号"，再进行如图 4-37 所示的设置，完成后单击【确定】按钮。

图 4-37　导入表格式数据

3 导入表格式数据后，选择表格中所有单元格，然后在【属性】面板的【样式】栏选择【STYLE3】选项，美化表格中的文本资料，如图 4-38 所示。

4 向下拖动表格中各水平框线，增加各单元格的高度，再向右拖动表格第一与第二单元格之间的表格框线，如图 4-39 所示，使表格内的文本不过于拥挤。

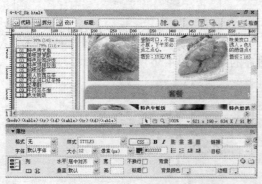

图 4-38　美化表格文本

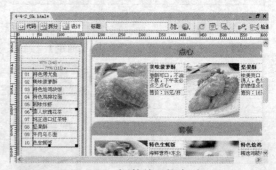

图 4-39　调整单元格宽/高

4.5　本章小结

本章介绍了利用跟踪图像和布局表格设计表格式页面布局的方法，接着介绍插入标准表格与编辑表格和单元格的方法，然后延伸到利用表格美化页面效果，以及表格的各种自动化处理技巧。

4.6　本章习题

一、填空题

1. 绘制布局表格的方法是：_____。

2. 跟踪图像就是【文档】窗口背景中的_____、_____或_____格式的图像，用于辅助页面设计。

3. 在默认的状态下，跟踪图像在 Dreamweaver CS3 编辑窗口是_____，在浏览器中跟踪图像永远_____。

4. 创建嵌套表格就是_____。

5. 标准表格又称为_____，它是用于在 HTML 页上显示_____以及对_____和_____进行布局的强有力的工具。

6. 表格对齐方式是指表格相对_____或者_____的对齐效果；单元格对齐方式则指数据对于_____的对齐效果。

7. 表格背景效果有两种设置，分别是_____和_____。

8. "排序表格"命令无法应用至使用_____或_____的表格。

二、选择题

1. 通过以下哪种方法可在网页中插入标准表格？　　　　　　　　　　（　　）

　　A. 选择【插入记录】|【表格】命令

　　B. 通过【插入】面板的"布局"选项卡单击【表格】按钮▦

　　C. 按下 Ctrl+Alt+T 快捷键

　　D. 以上皆可

2. 在 Windows 系统中，按住哪个键可以在不重复单击【绘制布局单元格】按钮▦的情况下绘制布局单元格？　　　　　　　　　　（　　）

　　A. Alt　　　　　　　B. Ctrl　　　　　　C. Shift　　　　　　D. Home

3. 插入表格的快捷键是哪个？　　　　　　　　　　　　　　　　　（　　）

　　A. Ctrl+Alt+T　　　B. Ctrl+Shift+T　　C. Ctrl+T　　　　D. Ctrl+Shift+Alt+T

4. 如果按字母顺序对一组由一位或两位数组成的数字进行排序，则会将这些数字排列成以下哪种形式？　　　　　　　　　　　　　　　　　（　　）

　　A. 1、2、3、10、20、30　　　　　　B. 1、10、2、20、3、30

　　C. 1、10、20、2、3、30　　　　　　D. 10、3、20、1、30、2

5. 拆分单元格的快捷键是哪个？　　　　　　　　　　　　　　　（　　）

　　A. Ctrl+Alt+M　　　B. Ctrl+Shift+S　　C. Ctrl+Alt+S　　D. Ctrl+Shift+M

三、练习题

练习内容：在网页中制作表格

练习说明：先打开配套光盘中"\练习素材\Ch04\4-6.html"文档，在该网页左侧空白位置插入一个 11X3 的表格，再分别调整各个单元格的宽\高并合并表格的第一和单元格，接着根据配套光盘中的"\练习素材\Ch04\4-6.txt"文件中的内容为表格输入文本，再为文本套用样式和设置外观，最终效果如图 4-40 所示。

图 4-40　最终效果图

操作提示：

1. 将光标定位在网页左侧的空白单元格内，然后在【插入】面板的"布局"选项卡中单击【表格】按钮▦。

2. 打开【表格】对话框，设置表格行数为 11、列数为 2、表格宽度为 100%，其他选项使用默认设置，然后单击【确定】按钮。

3. 拖动选择表格第一行单元格，在【属性】面板的"高"栏中设置参数为 30，再拖动选择表格第一列单元格，在【属性】面板的"列"栏中设置参数为 33。

4. 再次拖动选择表格中第一单元格，在【属性】面板中单击【合并所选单元格，使用跨度】按钮▢。

5. 根据\练习素材\Ch04\4-6.txt 文档中的内容，分别在表格中输入对应的文本资料。

6. 选择第一行单元格内的文本，在【属性】面板的【样式】栏选择"STYLE7"样式。

7. 再拖动选择第二至第十一行单元格，在【属性】面板的【样式】栏选择"STYLE3"样式。

8. 拖动选择表格第二至第四行单元格，在【属性】面板中单击【粗体】按钮 **B**，设置文本粗体。

第 5 章　图像与媒体内容的应用

教学目标

掌握在 Dreamweaver CS3 中插入图像和多媒体元素的各种操作方法。

教学重点与难点

➤ 在 Web 中插入图像
➤ 在 Dreamweaver CS3 中美化图像
➤ 在 Web 中插入其他图像的对象
➤ 插入 Flash 媒体对象
➤ 插入图像查看器
➤ 插入 Web 背景音乐

5.1　插入与编修图像

完成页面布局后，即可将预先准备的各种素材加到页面中。除文字之外，图像是网页中不可缺少的内容之一，精美的图像可以更容易吸引浏览者的眼球。本节将介绍插入与编修图像的方法。

5.1.1　插入图像

网页图像最常用的格式通常有 GIF、JPEG 和 PNG 三种，在 Dreamweaver CS3 中，插入图像主要有以下三种方法：

方法 1　在菜单栏选择【插入记录】|【图像】命令，然后通过弹出的【选择图像源文件】对话框选择图像，单击【确定】按钮即可插入图像。如图 5-1 所示。

图 5-1　从菜单中为网页插入图像

方法 2　按下 Ctrl+Alt+I 快捷键调出【选择图像源文件】对话框后，即可选择图像，单击【确定】按钮即可。

　　方法3　打开【插入】面板并选择【常用】选项卡，然后单击【图像】按钮▣·右边的三角形符号，在打开的菜单中选择【图像】命令，如图5-2所示。接着在弹出的【选择图像源文件】对话框中选择图像，单击【确定】按钮即可。

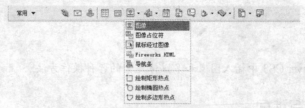

图5-2　从插入面板上为网页插入图像

练习5-1　如何通过菜单在网页中插入图像

　　1 打开配套光盘中的"\练习素材\Ch05\5-1-1.html"文档，将光标定位在需要插入图像的位置，打开【插入记录】菜单，并在打开的菜单中选择【图像】命令，如图5-3所示。

　　2 打开【选择图像源文件】对话框后，在该对话框中选择需要插入的图像，如图5-4所示。

图5-3　为网页插入图像

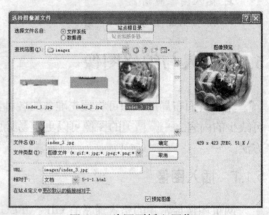

图5-4　为网页插入图像

　　3 打开【图像标签辅助功能属性】对话框，在这个对话框中可以设置替换文件和详细说明，如果不想对图像设置替换文件与详细说明，可以单击【取消】按钮，忽略图像标签辅助设置。为网页插入图像素材后，按下F12功能键即可浏览网页中所插入的图像的效果，如图5-5所示。

图5-5　打开网页浏览插入图像后的效果

5.1.2　设置图像属性

插入图像以后，可以通过 Dreamweaver CS3 的【属性】面板设置图像的大小、替换文本、边框、低解析度来源等属性。

练习 5-2　如何设置图像属性

1 打开配套光盘中的"\练习素材\Ch05\5-1-2.html"文档，选择需要设置属性的图像并按下 Ctrl+F3 键打开【属性】面板，如图 5-6 所示。

2 在【属性】面板中的【替换】文本框内输入图像替换文本，如本例输入"经典食品"，然后按下 Enter 键，如图 5-7 所示。

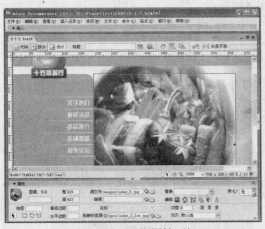

图 5-6　打开图像属性面板

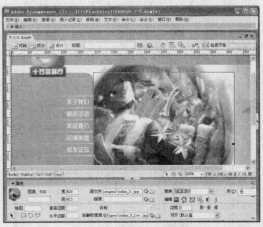

图 5-7　设置替换文本

3 当设置图像替换文本后，图像在浏览器不能正常显示时，即可在图像位置处显示替换文本内容。若图像能够正常显示，这样当浏览者移动光标至图像的上方时，替换文本也会在鼠标旁显示，如图 5-8 所示。

图 5-8　预览设置图像替换文本的效果

5.1.3 编辑与美化图像

Dreamweaver CS3 提供了基本的图像编辑功能，无需使用外部的图像编辑工具也可以对图像进行编辑。这是因为 Dreamweaver CS3 本身可以使用 Adobe Photoshop CS3 编辑软件，可打开这个软件对所选择的图像进行编辑。除此之外，Dreamweaver CS3 还提供了其他图像美化功能，包括"优化、裁剪、重新取样、亮度和对比度、锐化"几项。

 练习5-3　如何编辑与美化图像

1 打开配套光盘中的"\练习素材\Ch05\5-1-3..html"文档，选择需要编辑的图像，然后单击【属性】面板上的【亮度与对比度】按钮◐，打开【亮度与对比度】对话框后，设置亮度为10，对比度为10，最后单击【确定】按钮，如图 5-9 所示。

> **TIPS▶** 使用 Dreamweaver CS3 编辑图像时，会更改磁盘上的源图像文件。因此，在进行操作前先备份图像文件，以便在需要回复到原始图像时使用。

2 在【属性】面板中单击【锐化】按钮△，打开【锐化】对话框后，设置锐化参数为3，然后单击【确定】按钮，如图 5-10 所示。

图 5-9　调整图像亮度与对比度　　　　　　图 5-10　调整图像锐化程度

如果需要调整图像其他属性可以使用相应的美化功能进行处理，或者直接打开 Photoshop CS3 Extended 软件对图像进行更全面的编辑。

5.1.4 设置图像低解析度源

在浏览网页的时候，如果遇到一些像素高或者比较大的图像时，图像从 Internet 上下载到本地网页的过程往往需要一定时间，如果要在图像没有完全打开的时候就可以了解图像的大致内容，可以在网页中设置图像的低解析度源。为网页中较大的图像设置低解析度来源后，可预先显示低解析度来源图像。

 练习5-4　如何设置图像低解析度源

1 打开配套光盘中的"\练习素材\Ch05\5-1-4.html"文档，选择需要设置的图像并按下 Ctrl+F3 键打开【属性】面板，如图 5-11 所示。

2 在【低解析度来源】文本框中输入作为图像低解析度来源的 URL，如图 5-12 所示。

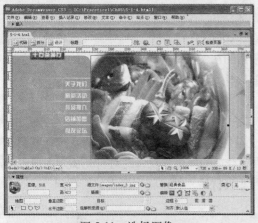

图 5-11　选择图像

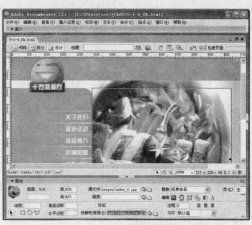

图 5-12　设置低解析度来源图像

5.1.5　制作网页图像背景

在网页设计中，一个好的背景可以使网页更自然、逼真和美观，有时候甚至可以表达出言外之意。默认的情况下，新建的网页都没有设置背景的效果（即是显示为白色），因此可以根据具体的情况为网页制作背景。

练习 5-5　如何使用图像制作网页背景

1 打开配套光盘中的"\练习素材\Ch05\ 5-1-5.html"文档，在菜单栏中选择【修改】|【页面属性】命令。

2 打开【页面属性】对话框后，选择【外观】选项，然后单击【背景图像】文本框右边的【浏览】按钮，如图 5-13 所示。

3 打开【选择图像源文件】对话框后，选择配套光盘中的"\练习素材 Practice\Ch05\images\backgroup.gif"图像文档，然后单击【确定】按钮，如图 5-14 所示。最后返回到【页面属性】对话框中，单击【确定】按钮退出即可。

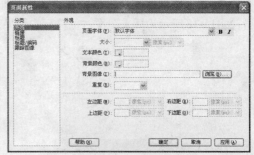

图 5-13　浏览图像

4 根据需要设置好背景图像后，即可按下 F12 功能键，打开浏览器浏览网页，效果如图 5-15 所示。

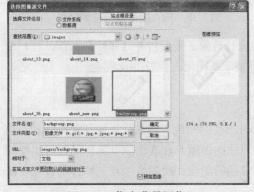

图 5-14　指定背景图像

图 5-15　设置背景图像后效果

5.2 插入其他图像对象

在 Dreamweaver CS3 中，除了在网页中插入常用的图像外，还可以插入其他的图像，例如图像占位符、鼠标经过图像、导航条、Fireworks HTML 等。

5.2.1 插入图像占位符

图像占位符就是将最终图像添加到 Web 页面之前使用的一种特殊对象。一般在设计网页布局的时候，某些区域的大小已经预定好，但暂时没有合适的图像素材，此时可先插入图像占位符，在网页中预留一个相应大小的位置，待找到合适素材后，就可将图像占位符替代。

练习 5-6　如何插入图像占位符

1 打开配套光盘中的"\练习素材\Ch05\5-2-1.html"文件，然后将光标定位在需要插入图像占位符的位置。

2 打开【插入记录】菜单，然后选择"【图像对象|图像占位符】命令，如图 5-16 所示。

3 打开【图像占位符】对话框后，设置名称、大小、颜色以及替换文本等属性，然后单击【确定】按钮，如图 5-17 所示。

4 插入图像占位符后即可预设图像的布局，如图 5-18 所示为插入图像占位符后的结果。

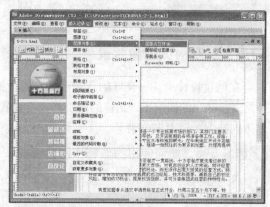

图 5-16　插入图像占位符

图 5-17　设置图像占位符对象的属性

图 5-18　插入图像占位符的结果

当找到合适的图像素材后，即可选择该图像占位符对象，然后打开【属性】面板，在"源文件"文本框内输入图像的 URL。这样，图像即可显示在图像占位符的位置上。

5.2.2 插入鼠标经过图像

鼠标经过图像是指浏览者移动鼠标到原始图像时出现的图像，这往往表现在鼠标移动与离开原始图像的瞬间出现的明显变化。它包括主图像（原始图像）和次图像（鼠标经过时出现的图像）两个对象，其中主图像是指首次载入页面时显示的图像；次图像是指光标移动到存在鼠标经过图像的地方所出现的图像。

练习 5-7　如何插入鼠标经过图像

1 打开配套光盘中的 "\练习素材\Ch05\5-2-2.html" 文档，将光标定位在需要插入鼠标经过图像的位置上，然后选择【插入记录】|【图像对象|鼠标经过图像】命令，如图 5-19 所示。

2 打开【插入鼠标经过图像】对话框后，设置图像的名称，分别指定 "原始图像" 和 "鼠标经过图像" 的图像文档，并设置替换文档和链接 URL，最后单击【确定】按钮，如图 5-20 所示。

图 5-19　插入鼠标经过图像

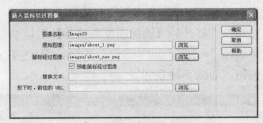

图 5-20　设置鼠标经过图像

3 依照上述方法设置后，通过 F12 浏览网页可以得到如下的效果，如图 5-21 和图 5-22 所示。

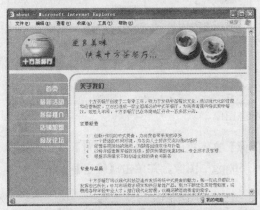

图 5-21　原始图像

图 5-22　鼠标经过原始图像位置出现的图像

5.2.3　插入网页导航条

网页导航条通常为站点上的页面和文件之间提供一条便捷的途径，网页浏览者能够通过网页导航条进入站点的其他页面或者下载内容。导航条由图像或图像组组成，它提供了 "一般状态、鼠标经过、按下鼠标键、按下鼠标键经过图像" 四种状态的图像设置，可以让导航条随浏览者的操作而产生对应的变化。

导航条四种状态图像设置简述如下：

● **状态图像**：在浏览者对导航条未进行任何操作时显示的图像。

● **鼠标经过图像**：浏览者移动鼠标至导航条元件上显示的图像。

● **按下图像**：浏览者按下导航条元件时显示的图像。

● **按下时鼠标经过图像**：导航条元件被按下后，鼠标指针滑过所显示的图像。

练习 5-8　如何插入网页导航条

1 打开配套光盘中的"\练习素材\Ch05\ 5-2-3.html"文档，用光标定位在网页右侧的 空白位置，在【插入】面板中选择【常用】 选项卡，单击【图像：图像】按钮 右侧的 倒三角形符号，并在打开菜单中选择【导航 条】命令，如图 5-23 所示。

2 打开【插入导航条】对话框后，设置 项目名称为 a，指定需要设置的图像状态，然 后在"状态图像"文本框的右侧单击【浏览】 按钮，在打开的【选择图像源文件】对话框 中选择"index_5.jpg"图像，并单击【确定】 按钮，如图 5-24 所示。

图 5-23　为网页插入导航条

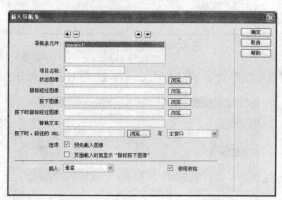 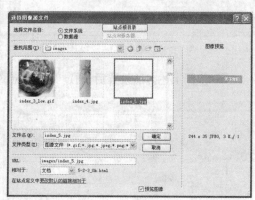

图 5-24　选择状态图像

3 返回【插入导航条】对话框后，在【按下图像】文本框的右侧单击【浏览】按钮，然后 在打开的【选择图像源文件】对话框中选择"index_5b.jpg"图像，并单击【确定】按钮，如图 5-25 所示。

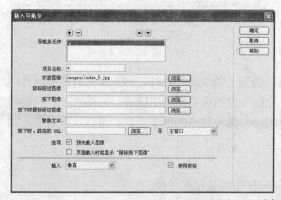 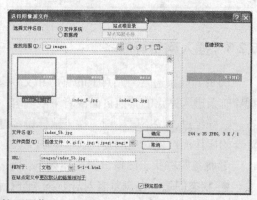

图 5-25　选择按下图像

4 返回【插入导航条】对话框，单击【添加项】按钮 添加下一个导航条元件，接着参照 步骤 2 和 3 的方法为其添加"状态图像"和"按下图像"（本例添加了 b、c、d、e 四个导航条元件），如图 5-26 所示。

在【插入导航条】对话框中如果需要删除导航条元件，只需选择相应的导航条元件，
然后单击【删除项】按钮□即可删除所选的导航条元件。

5 经过以上步骤之后，已经完成了插入网页导航条的操作，这时按下 F12 功能键打开浏
览器预览网页，可以看到网页的左侧出现了由五个按钮组成的导航条，单击其中的按钮将呈现
互动效果，如图 5-27 所示。

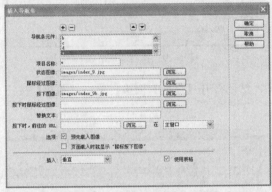

图 5-26　添加导航条元件　　　　　　　　　图 5-27　预览插入导航条的效果

为文档创建导航条后，当需要修改时，可以选择导航条，然后在菜单栏上选择"修改｜导
航条"命令，接着通过【修改导航条】对话框向导航条添加或者删除图像。另外，需要注意的
是，一个页面只能插入一个导航对象。

5.3　插入媒体对象

为了增添网页的动态效果，Dreamweaver CS3 还可以快速插入其他的媒体对象。在目前的
网页制作中，常用的媒体对象有 Flash、背景音乐、视频等。其中由于 Flash 的制作简便，体积
容量小的原因，使 Flash 成为最常用的媒体对象。

5.3.1　插入 Flash 动画

Flash 动画以其文档容量小、效果丰富等特点深受网页制作者的钟爱，利用 Flash 动画制造
的动态效果，可以更容易吸引浏览者的眼球。

练习 5-9　如何插入 Flash 动画

1 打开配套光盘中的 "\练习素材\Ch05\5-3-1.html" 文档，将光标定位在需要插入 Flash
动画的位置上。

2 在【插入】面板中打开【常用】选项卡，然后单击【媒体】按钮 ▦·的倒三角形符号，
接着在打开菜单中选择【Flash】命令，如图 5-28 所示。

3 打开【选择文件】对话框后，选择 "\练习素材\Ch05\images\Flash.swf" 文档，然后单击
【确定】按钮，如图 5-29 所示。

4 打开【对象标签辅助功能属性】对话框后，如果不需要其他的设置可以单击【取消】按
钮忽略设置即可，插入 Flash 动画的效果如图 5-30 所示。

图 5-28　插入 Flash 动画

图 5-29　选择 Flash 文件

5 插入 Flash 动画后，可以选择 Flash 动画，然后打开【属性】面板，单击【播放】按钮以测试动画的播放效果，如图 5-31 所示。

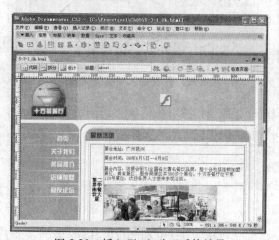

图 5-30　插入 Flash 动画后的效果

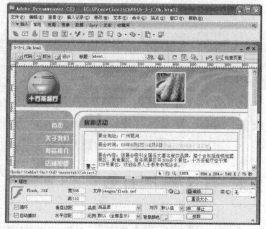

图 5-31　播放 Flash 动画

5.3.2　插入 Flash 文本

除了插入 Flash 动画之外，Dreamweaver CS3 还提供了插入 Flash 文本的功能。Flash 文本对象允许创建和插入只包含文本的 SWF 文件。这样可以使用自己选择的设计的字体和文本创建较小的矢量图形影片。

练习 5-10　如何插入 Flash 文本对象

1 打开配套光盘中的"\练习素材\Ch05\5-3-2.html"文档，将光标定位在网页右下角的空白位置处。然后选择"插入记录｜媒体｜Flash 文本"命令，如图 5-32 所示。

2 打开【插入 Flash 文本】对话框后，在【文本】列表框中输入"More"字样，并设置字体的大小为 15，颜色为【#FF8C00】，转滚颜色为【#333333】，背景色为【#FFFFFF】，链接为【index.html】，目标为【_blank】，另存为文档为【text2.swf】，其余的均取默认值，最后单击【确定】按钮，如图 5-33 所示。

3 打开【Flash 辅助功能属性】对话框后，如果不需要其他的设置，只需要单击【取消】按钮忽略设置即可。

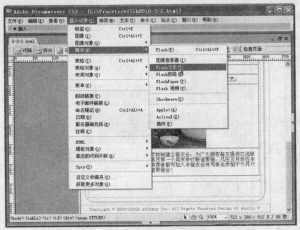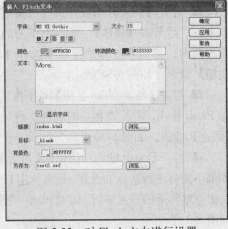

| 图 5-32　为网页插入 Flash 文本 | 图 5-33　对 Flash 文本进行设置 |

4 完成了插入 Flash 文本的操作后，可以按下 F12 功能键打开浏览器预览 Flash 文本的效果。可以看到当光标移动到 Flash 文本的上方时产生明显的变化，由原来的深橙色变成黑色，如图 5-34 所示。

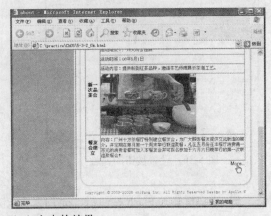

图 5-34　浏览插入 Flash 文本的效果

 Flash 保存位置的路径（即【插入 Flash 文本】对话框"另存为"选项的设置）不能出现中文，而且路径不宜过长，否则 Flash 文件会因路径不能辨认而无法被插入。

5.3.3　插入 Flash 按钮

Dreamweaver CS3 具有插入 Flash 按钮的功能，可以在网页制作过程中进行创建、插入和修改 Flash 按钮的操作，而无需使用 Flash 软件。

 Flash 按钮对象是基于 Flash 模板的可更新按钮。可以通过【插入 Flash 按钮】对话框定义 Flash 按钮对象，并添加文本、背景颜色以及指向其他文件的链接。

练习 5-11　如何在网页中插入 Flash 按钮

1 打开配套光盘中的 "\练习素材\Ch05\5-3-3.html" 文档，然后将光标定位在网页右下角的空白位置上。

2 打开【插入】面板并选择【常用】选项卡，然后单击【媒体】按钮 下方的倒三角形符号，然后在打开的菜单中选择【Flash 按钮】命令，如图 5-35 所示。

3 打开【插入 Flash 按钮】对话框后，选择 Flash 样式，并设置相应的属性，然后单击【确定】按钮，如图 5-36 所示。

4 打开【Flash 辅助功能属性】对话框后，如果不需要进行其他的设置，只需单击【取消】按钮忽略其他的设置即可，插入 Flash 按钮后，如图 5-37 所示。

图 5-35　插入 Flash 按钮

图 5-36　设置按钮的属性

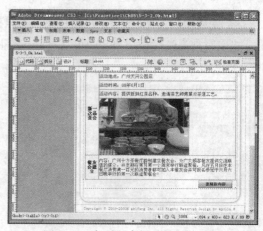

图 5-37　在页面中插入按钮的效果

5 为网页插入 Flash 按钮后，按 F12 功能键通过浏览器打开网页后即可预览其效果，因为前面已经设置了 Flash 按钮的链接，所以单击 Flash 按钮即可看到打开后的另外的一个网页效果，如图 5-38 所示。

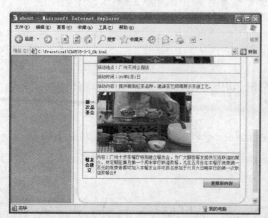

图 5-38　浏览并测试 Flash 按钮的效果

Flash 按钮对象的保存路径不能出现中文，而且不宜使用过长的路径，否则 Flash 按钮无法插入。另外，在插入 Flash 按钮对象前，必须先保存文档。

若要对 Flash 按钮对象进行修改，可以使用以下方法显示【插入 Flash 按钮】对话框，并在该对话框中进行修改处理：

（1）双击 Flash 按钮对象。

（2）选择 Flash 按钮对象，并在【属性】面板中单击【编辑】按钮。

（3）右键单击 Flash 按钮对象，然后从弹出菜单中选择【编辑】命令。

5.3.4 插入图像查看器

Dreamweaver CS3 包含一个可以在页面中使用的 Flash 元素，这个元素可以用作 Web 相册的 Flash 查看器，"图像查看器"就是这样一个 Flash 元素。当把"图像查看器"插入到网页之后，该对象以 Flash 的形式呈现，可以通过其中显示的控制栏，控制浏览丰富的图像信息。

练习 5-12 如何插入图像浏览器

1 打开配套光盘的"\练习素材\Ch05\5-3-4.html"文档，然后把光标定位在需要插入图像查看器的位置。

2 在 Dreamweaver CS3 的菜单栏上，打开【插入记录】菜单，然后在打开的菜单中选择【媒体】|【图像查看器】命令，如图 5-39 所示。

3 打开【保存 Flash 元素】对话框后，浏览站点中用于保存图像查看器元素的位置，然后单击【保存】按钮，如图 5-40 所示。

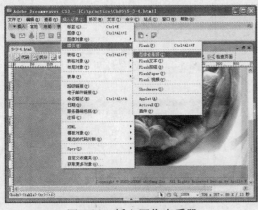

图 5-39 插入图像查看器　　　　　　　图 5-40 保存 Flash 元素

图像查看器元素是可以调整大小的应用程序，用于加载和查看 JPEG 或 SWF 图像，另外，还可以定义图像的列表和为每个图像定义链接和题注。

4 在自动显示的【Flash 元素】面板中选择【imageURLs】栏，然后单击行尾的【编辑数组值】图标，如图 5-41 所示。

5 打开【编辑 imageURLs 数组】对话框后，单击"img1.jpg"项目右侧的"文件夹"图标，打开【选择文件】对话框，如图 5-42 所示。

6 打开【选择文件】对话框后，指定查找范围为【images】文件夹，并选择【produce_7a.jpg】素材图像，然后单击【确定】按钮，如图 5-43 所示。

图 5-41 打开【编辑 imagURLs 数组】对话框

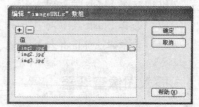

图 5-42 打开【选择文件】对话框

7 根据前面步骤的方法，再修改另外两个默认项为"'images/produce_9a.jpg'"和"'images/produce_19a.jpg'"，如图 5-44 所示。

图 5-43 选择图像

图 5-44 设置另外两个默认项

8 单击 **+** 按钮，然后单击出现空值行旁边的【文件夹】图标，打开【选择文件】对话框后，参照以上步骤的方法把配套光盘中的"\练习素材\Ch05\images\"文件夹中的"produce_21a.jpg、produce_27a.jpg、produce_29a.jpg、produce_36a.jpg、produce_38.jpg、produce_44.jpg、produce_46.jpg"添加进去，最后单击【确定】按钮，如图 5-45 所示。

图 5-45 添加图像

如果需要在"图像浏览器"中删除图像，只需在【编辑 imageURLs 数组】对话框中选择要删除的图像并单击 **—** 按钮，然后单击【确定】按钮以关闭【编辑 imagURLs 数组】对话框即可。

9 返回 Dreamweaver CS3 操作界面，在【Flash 元素】面板中选择【slideAutoPlay】栏中的内容，然后单击【列表框】按钮打开列表框，接着选择【是】命令设置"图像查看器"为自动播放状态；以同样的方法设置【slideLoop】循环播放功能也为【是】，实现"图像查看器的循环播放，其他设置取默认值，如图 5-46 所示。

10 在【Flash 元素】面板中选择【imageLinks】栏中的内容，按下 Delete 键删除该链接，并设置【bgcolor】的值为【#FF8B00】，并在【属性】面板中设置【宽】和【高】参数分别为 200 和 200，如图 5-47 所示。

图 5-46 设置图像查看器属性

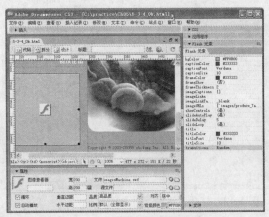

图 5-47 设置图像查看器属性

11 按下 F12 功能键，通过浏览器打开网页预览图像查看器制作的效果，如图 5-48 所示。

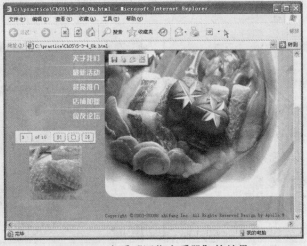

图 5-48 查看"图像查看器"的效果

浏览网页的时候，可以使用"上一个"和"下一个"按钮以顺序方式查看图像，也可以通过输入图像的编号查看指定图像，还可以将图像设置用幻灯片放映格式播放图像。

5.3.5 插入 Web 背景音乐

在 Web 网页中插入背景音乐，可以在视觉的基础上增添听觉享受，从而提高网页的吸引力。

练习 5-13　如何插入 Web 背景音乐

1 打开配套光盘的"\练习素材\Ch05\5-3-5.html"文档，把光标定位在网页左下角的位置上，然后在【插入】面板上单击【媒体：插件】按钮 来打开【选择文件】对话框，如图 5-49 所示。

2 打开【选择文件】对话框后，然后在【选择文件】对话框中选择"MIDI.MID"声音文件，最后单击【确定】按钮，如图 5-50 所示。

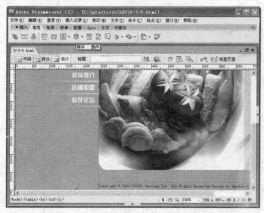

图 5-49　打开【选择文件】对话框　　　　　图 5-50　选择声音文件

3 选择插件后，然后在【属性】面板中调整其宽、高的大小，其他属性值保持默认值，如图 5-51 所示。

4 保存网页后，按下 F12 功能键预览网页的效果，可以通过音乐播放器播放网页音乐，如图 5-52 所示。

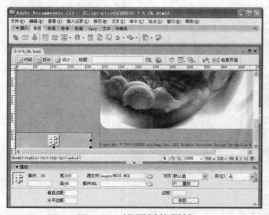

图 5-51　设置插件属性　　　　　　　　　图 5-52　浏览网页播放音乐效果

浏览网页的时候，可以利用播放器上的按钮进行"停止、暂停、播放、上一曲、下一曲、后退、快进、调节音量大小"的操作。

5.4　本章小结

本章重点介绍了在 Dreamweaver CS3 中为 Web 页面添加图像和媒体内容的方法，其中包括插入与编辑图像、用图像作为网页背景，还有插入图像占位符、鼠标经过图像、导航条等图像对象，以及插入 Flash 动画、Flash 文本、Flash 按钮、图像查看器、Web 背景音乐对象等方法。

5.5　本章习题

一、填充题

1. Web 页面中通常使用_____、_____和_____三种格式的图像。目前，_____和_____文件格式的支持情况最好，大多数浏览器都可以查看这两种类型的图像。

2. Dreamweaver CS3 提供了_____、_____、_____、_____、_____、_____六种图像编辑与美化功能。

3. 锐化将增加对象边缘像素的_____，从而增加图像_____。

4. 有时在设计网页布局时，某些区域的大小已经预定好，但暂时没有合适的图像素材，此时可先插入_____，以假设图像插入的效果，等到最后找到合适素材后，就可以编辑成的_____大小并插入页面了。

5. 鼠标经过图像包括_____（原始图像）和_____（鼠标经过时出现的图像）两个对象，其中_____即是指首次载入页面时显示的图像；_____是指光标移动到存在鼠标经过图像的地方所出现的图像。

6. 导航条由图像或图像组组成，它向用户提供了"_____、_____、_____、_____"四种状态的图像设置。

7. 在网页中插入背景音乐有三种方法，分别是_____、_____、_____。

二、选择题

1. 按下哪个快捷键可以打开【选择图像源文件】对话框，籍此在网页中插入图像？　　　　　　　　　　　　　　　　　　　　　　　　　　　　　　　　　（　　）

　A. Ctrl+Shift+I　　　　B. Ctrl+ I　　　　　C. Ctrl+Alt+I　　　　D. Ctrl+Shift+Alt+I

2. 鼠标经过图像包括以下哪组对象？　　　　　　　　　　　　　　　　　　（　　）

　A. 主图像和原始图像　　　　　　　　B. 主图像、次图像和原始图像

　C. 次图像和鼠标经过图像　　　　　　D. 主图像和次图像

3. 导航条由图像或图像组组成，它不包含以下哪种状态的图像设置？　　　（　　）

　A. 一般状态　　　　　　　　　　　　B. 鼠标经过状态

　C. 链接被激活状态　　　　　　　　　D. 按下时鼠标经过状态

4. 按以下哪个快捷键，可以将页面所有 Flash 对象和 SWF 文件设置为"播放"状态？　　　　　　　　　　　　　　　　　　　　　　　　　　　　　　　　　　（　　）

　A. Ctrl+Alt+Shift+P　B. Ctrl+ Shift+P　　　C. Ctrl+Alt+ P　　　D. Ctrl+P

5. 以下哪个选项不属于图像查看器的功能的？　　　　　　　　　　　　　（　　）

　A. 调整图像大小的应用程序

　B. 对图像进行形状、色彩的处理

　C. 加载和查看 JPEG 或 SWF 图像

　D. 定义图像的列表和为每个图像定义链接和题注

三、练习题

练习内容：在网页中插入图像与文本

练习说明：先打开配套光盘中的"练习素材\Ch05\5-5-1.html"文档，以"\images\index_3a.jpg"和"\images\index_3a.jpg"为素材在网页中间位置插入鼠标经过图像，接着在文档横幅位置插入

内容为"更多美味快来十方茶餐厅…"的 Flash 文本，最终效果如图 5-53 所示。

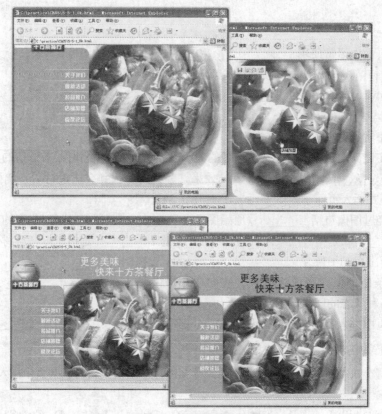

图 5-53　最终的效果图

操作提示：

1. 将光标定位在页面中间的空白位置，然后打开【插入记录】菜单，接着在打开的菜单中选择"插入对象|鼠标经过图像"命令。

2. 打开【插入鼠标经过图像】对话框后，单击【原始图像】文本框后的【浏览】按钮，然后选择配套光盘中的"\练习素材\images\index_a.jpg"图像为原图像，接着以同样的方法设置"鼠标经过图像"文本框，为其选择"index_b.jpg"图像。

3. 把光标定位在文档顶部的中间位置，然后打开【插入记录】菜单，接着在打开的菜单中选择【媒体】|【Flash 文本】命令。

4. 打开【插入 Flash 文本】对话框后，在【文本】文本框中输入"更多美味快来十方茶餐厅…"字样，设置字体为【黑体】，字体大小为 35，颜色为【#FFFFFF】，转滚颜色为【#000000】，在【链接】文本框的右边单击【浏览】按钮，然后在打开的【选择文件】对话框中选择 produce.html 文档，背景颜色为【#FF8B00】，最后单击【确定】按钮。

第 6 章　用 CSS 样式布局页面

教学目标

掌握 CSS 样式表在网页设计中的应用方法。

教学重点与难点

➢ CSS 的起源与规则组成及选择器类型
➢ 创建"类、标签、高级"类型的 CSS 规则
➢ 创建 CSS 样式表的方法
➢ 为网页附加 CSS 样式表的方法
➢ 用 CSS 滤镜制作各种页面特效

6.1　CSS 概述

CSS 全称为"Cascading Style Sheets",意思是层叠样式表。是网页设计中所不可缺少的技术应用。了解 CSS 样式的一些基本知识,认识 CSS 的起源、规则类型和设置的方法,在网页设计中非常重要。

6.1.1　CSS 的起源

一般的网页都是由 HTML 语法编写而成,这些 HTML 语法经由客户端的浏览器解析出 Web 页效果。

一般网页设计师都使用网页制作软件(例如 Dreamweaver)来设计网页,无需再编写复杂的 HTML 程序代码,因为这些软件会自动将设计的网页效果编写成 HTML 语法。

虽然 HTML 语法是网页设计的主要语法,但是它也有不少缺点,例如文字格式只默认使用标题 1~6 等级、图像不能重叠、链接文本下有下划线并且执行链接时会改变颜色等,给网页设计造成一定的局限性,CSS 样式表也就是在这样的情况下应势而出。CSS(层叠样式表)也称为风格样式表,它是一系列格式设置规则,用于控制 Web 页面内容的外观布局。1994 年 W3C 组织提出"CSS(层叠样式表)",并在 1996 年通过审核正式发表了 CSS 1.0,这是 CSS 样式表的最初版本,需要 IE 4.0 和 Netscape 4.0 以上版本的浏览器才提供支持。目前 CSS 已经发展到第二代,即 CSS 2.0,它只需 IE 5.0 或以上的浏览器版本就可以支持,而 Netscape 浏览器则需要更新到 Netscape 5.5 或 Netscape 6.0。

CSS 样式在很大程度上弥补了 HTML 语法的不足,它允许控制 HTML 无法独自控制的许多属性。例如可以取消链接文本的下划线、为选定的文本指定不同的字体大小和单位(像素、磅值等),通过使用 CSS 以像素为单位设置字体大小,还可以确保在多个浏览器中以更一致的方式处理页面布局和外观。

除设置文本格式外，还可以使用 CSS 控制 Web 页面中个别元素的格式和定位，例如可以设置表格、层等对象的边距和边框、其他文本周围的浮动文本等。

6.1.2 CSS 样式规则类型

在 Dreamweaver CS3 中，CSS 规则选择器可以定义为"类、标签、高级"三种类型，以下简单介绍这三种 CSS 规则类型的应用：

- **类**：也称为"类"样式，它是一种自定义 CSS 规则，使用户可以将样式属性应用于任何文本范围或文本块对象。
- **标签**：这是 HTML 标签样式被重定义为特定标签的格式，例如 h1、font、input、table 等。当创建或更改了特定标签的 CSS 样式时，所有使用该标签设置了格式的对象都会立即更新，无需重新套用 CSS 样式。
- **高级**：这是 CSS 选择器样式重新定义特定元素组合的格式设置，或重新定义 CSS 允许的其他选择器表单的格式设置。它常用于定义链接不同状态的文本外观，包括"a:link、a:visited、a:hover、a:active"链接状态的标签。

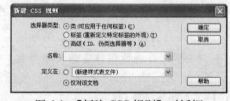

图 6-1 【新建 CSS 规则】对话框

要设置这些选择器类型，可以通过如图 6-1 所示的【新建 CSS 规则】对话框来选择。

6.1.3 CSS 样式规则与添加

CSS 格式设置规则由选择器和声明两部分组成。选择器是标识格式元素的术语（如 P、H1、类名或 ID），声明用于定义元素样式。CSS 格式示例如下：

```
.text {
    font-family: "宋体";
    font-size: 18px;
    color: #CC6600;
    background-color: #FFFFCC;
    font-weight: bold;
    border: thin solid #990000; }
```

上面的示例中，.txet 是选择器，介于{}之间的内容就是声明。

声明主要由属性（如 font-family）和值（如宋体）两部分组成，上面的 CSS 规则意为：链接到".text"样式的文本将使用宋体、大小为 18px、颜色为"#CC6600"、文本外观为"粗体"，而背景颜色则为"#FFFFCC"、边框大小为"细"、颜色为"#990000"。套用该 CSS 样式的文本效果如图 6-2 所示。

将 CSS 样式加入网页的方法有两种：一是直接在 Dreamweaver CS3 中创建 CSS 样式，二是从外部附加 CSS 样式表。

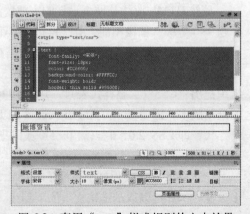

图 6-2 套用".text"样式规则的文本效果

（1）直接创建 CSS 样式

通过 Dreamweaver CS3 提供的功能直接创建 CSS 样式。在 Dreamweaver CS3 中直接创建 CSS 样式的方法有两种：

方法 1　打开【CSS】面板，单击【新建 CSS 规则】按钮，通过【新建 CSS 规则】对话框创建 CSS 样式。

方法 2　切换到 Dreamweaver CS3 的"代码"视图，然后直接编辑 CSS 样式代码即可，如图 6-3 所示就是"代码"视图显示的 CSS 样式代码。

（2）从外部附加 CSS 样式表

使用文字编辑器或 Dreamweaver CS3 定义一个 CSS 样式表文件，然后通过 Dreamweaver CS3 链接此文件，即可为网页添加 CSS 样式表。

6.2　创建新的 CSS 样式表

在 Dreamweaver CS3 中，可以创建一个 CSS 规则来自动完成 HTML 标签的格式设置或 class 属性所标识的文本范围的格式设置。

6.2.1　新建类规则

新建"类"CSS 规则可以套用到不同的对象，例如文本、表格、图层、项目符号以及表单元件等。下例将为网页新建一个名为"text"的 CSS 规则，并套用到文本中。

练习 6-1　如何新建"类"类型 CSS 规则

1 打开配套光盘中的"\练习素材\Ch06\6-2-1.html"文档，然后选择【窗口】|【CSS 样式】命令，或者按下 Shift+F11 快捷键，打开【CSS 样式】面板。

2 在打开的【CSS 样式】面板中单击【新建 CSS 规则】按钮，如图 6-3 所示。

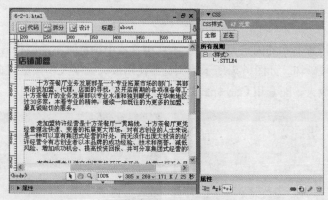

图 6-3　新建 CSS 样式规则

3 弹出【新增 CSS 规则】对话框后，选择【类（可应用于任何标签）】选项，然后设置名称为"text"，并选择【仅对该文档】选项，最后单击【确定】按钮，如图 6-4 所示。

4 弹出【.text 的 CSS 规则定义】对话框后，在左边列表框中选择【类型】，在右边窗格中设置字体为"宋体"、大小为 12px、颜色为【#666666】，然后单击【确定】按钮，如图 6-5 所示。

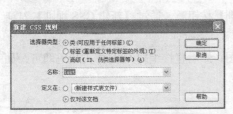

图 6-4　设置 CSS 规则的属性

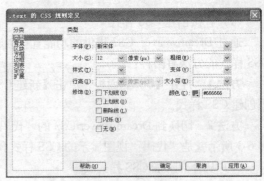

图 6-5　定义 CSS 规则的格式

 类规则的名称必须以句点符号开头，并且可以包含任何字母和数字组合（例如.head）。
如果没有输入开头的句点符号，Dreamweaver CS3 将自动输入。

5 返回 Dreamweaver CS3 的文档窗口，选择需要套用 CSS 样式的文本内容，再打开【属性】面板的【样式】列表框，选择【text】选项即可，如图 6-6 所示。

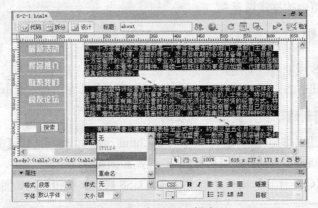

图 6-6　套用 CSS 样式

CSS 样式可以设置文本的固定大小，使文本在浏览器中预览时不受浏览器文字大小的影响，从而避免页面布局被破坏。如图 6-7 所示为浏览器使用最大文字大小预览网页，其中没有套用 CSS 样式的文本被放大，而套用 CSS 样式的文本大小则不会被修改。

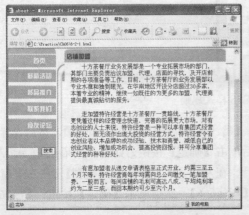

图 6-7　文本套用 CSS 样式前后的对比

6.2.2　新建标签规则

如果想要让使用某个特定 HTML 标签的元素一次性全部产生 CSS 样式定义的效果，可以选择定义标签规则，它可以重新定义已有的 HTML 标签，扩充它的功能。另外，使用这种方法定义 HTML 标签格式后，页面上使用该标签的元素将同步产生效果，无需进行套用 CSS 样式的处理。下例将新建标签为"input"的 CSS 规则，然后为标签定义类型、背景、边框等规则。

练习 6-2　如何新建标签类型的 CSS 规则

1 打开配套光盘中的"\练习素材\Ch06\6-2-2.html"文档，然后选择【窗口】|【CSS 样式】命令，打开【CSS 样式】面板后，单击【新建 CSS 规则】按钮 ，如图 6-8 所示。

2 弹出【新建 CSS 规则】对话框后，选择【标签（重新定义特定标签的外观)】选项，选择标签为【input】，并选择【仅对该文档】选项，单击【确定】按钮，如图 6-9 所示。

图 6-8　新建 CSS 规则　　　　　　图 6-9　选择新建"input"标签规则

3 弹出【input 的 CSS 规则定义】对话框后，选择【类型】分类，然后在右边窗格中设置字体为【宋体】、大小为 12px、颜色为【#666666】，如图 6-10 所示。

4 选择【背景】分类，在右边窗格中设置背景颜色为【#FFCC00】，如图 6-11 所示。

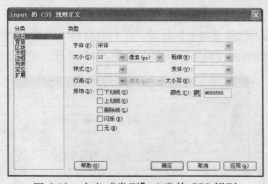

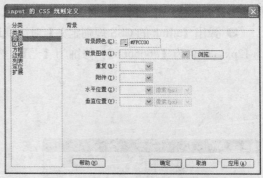

图 6-10　定义"类型"分类的 CSS 规则　　　图 6-11　定义"背景"分类的 CSS 规则

5 选择【边框】分类，在右边窗格中设置样式为【实线】、宽度为【细】、颜色为【#FFFF00】，单击【确定】按钮，如图 6-12 所示。

6 定义"input"标签的 CSS 规则后，页面中所有使用该标签的元素都重新套用规则定义的外观，如图 6-13 所示为定义标签的 CSS 规则后的效果。

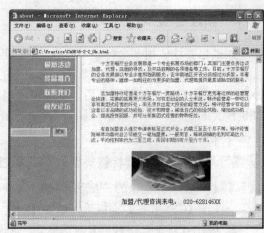

图 6-12 定义"边框"分类的 CSS 规则   图 6-13 定义"input"标签 CSS 规则后的
                                                        表单元件效果

6.2.3 新建高级规则

默认的网页链接文本颜色为蓝色，并且会自动出现一条下划线，当执行文本链接后将出现另外一种表示访问过的颜色。为了使链接文本与页面整体效果相衬，可通过新建"高级"类型的 CSS 规则，为链接文本设置所需的外观格式。下例将新建"高级"类型的 CSS 规则，以定义"a:link、a:visited、a:hover"选择器的规则，以便链接文本的外观符合页面设计需求。

TIPS a:link 为初始状态的链接。a:visited 为已访问的链接。a:hover 为鼠标移至上方的链接。a:active 为处于活动状态的链接。

练习 6-3 如何新建高级类型的 CSS 规则

1 打开配套光盘中的"\练习素材\Ch06\6-2-3.html"文档，然后打开【CSS 样式】面板，再单击【新建 CSS 规则】按钮。

2 弹出【新建 CSS 规则】对话框后，选择【高级（ID、伪类选择器等）】选项，再选择选择器为【a:link】，并选择【仅对该文档】选项，然后单击【确定】按钮，如图 6-14 所示。

3 弹出【a:link 的 CSS 规则定义】对话框后，选择【类型】分类，在右边窗格中设置大小为 12px、颜色为【#666666】、修饰为【无】，然后单击【确定】按钮，如图 6-15 所示。

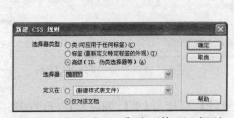

图 6-14 新建"a:link"类型的 CSS 规则   图 6-15 定义"a:link"的 CSS 规则

4 返回文档编辑窗口，继续单击【CSS 样式】面板的【新建 CSS 规则】按钮，弹出【a:link 的 CSS 规则定义】对话框，选择【高级（ID、伪类选择器等）】选项，再选择选择器为【a:visited】，并选择【仅对该文档】选项，然后单击【确定】按钮，如图 6-16 所示。

5 弹出【a:visited 的 CSS 规则定义】对话框后，选择【类型】分类，在右边窗格中设置大小为 12px、颜色为【#666666】、修饰为【无】，然后单击【确定】按钮，如图 6-17 所示。

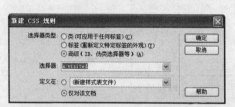

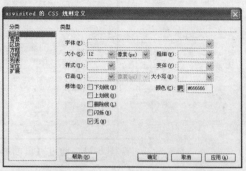

图 6-16　新建 "a:visited" 类型的 CSS 规则　　　　图 6-17　定义 "a:visited" 的 CSS 规则

6 返回文档编辑窗口，单击【CSS 样式】面板的【新建 CSS 规则】按钮，弹出【a:link 的 CSS 规则定义】对话框后选择【高级（ID、伪类选择器等）】选项，再选择选择器为 "a:hover"，并选择【仅对该文档】选项，然后单击【确定】按钮，如图 6-18 所示。

7 弹出【a:hover 的 CSS 规则定义】对话框后选择【类型】分类，在右边窗格中设置大小为 12px、颜色为【#FF3300】，修饰为【无】，然后单击【确定】按钮，如图 6-19 所示。

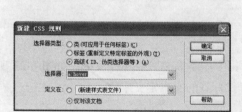

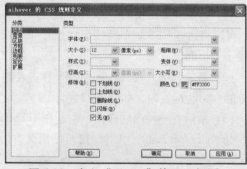

图 6-18　新建 "a:hover" 类型的 CSS 规则　　　　图 6-19　定义 "a:hover" 的 CSS 规则

8 定义 "a:link、a:visited、a:hover" 选择器的 CSS 规则后，页面上被设置链接的文本都会随之产生规则定义的外观，如图 6-20 所示为定义 "a:link、a:visited、a:hover" 选择器 CSS 规则前后的对比。

图 6-20　定义 "高级" CSS 规则前后网页链接文本的对比

除了通过【新建 CSS 规则】对话框创建链接状态的 CSS 规则外，在 Dreamweaver CS3 中还可以在【页面属性】对话框的"链接"分类窗格中设置，如图 6-21 所示。

图 6-21　通过【页面属性】对话框定义链接外观

6.3　创建与附加样式表

除了可以直接在 Dreamweaver CS3 中创建 CSS 规则外，还可以创建包含 CSS 规则的外部样式表，再将样式表文件附加或导入到 Web 页。如此，通过一个 CSS 样式表文件便可控制同一网站中所有网页内容的外观效果，而不需要为每个 Web 页面分别设置样式。在创建与附加样式表前，先来了解一下 CSS 规则在 Web 页中可处的位置：

（1）若是外部链接的 CSS 样式表（即存储在外部的一个单独.css 文档）中的一系列 CSS 规则，可以将这些 CSS 规则链接至文档的<head>部分，即可让该.css 文件应用到 Web 站点中的一个或多个页面。

（2）若是内部（或嵌入式）CSS 样式表的一系列 CSS 规则，则包含在 HTML 文档<head>部分的<style>标签内，如图 6-22 所示。

（3）最后有一种内联样式，它是在 HTML 文档中的特定标签实例中定义的。如图 6-23 所示，<p style=font-family: "宋体">仅对使用含有内联样式标签的文本定义字体。

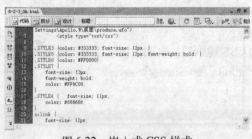

图 6-22　嵌入式 CSS 样式

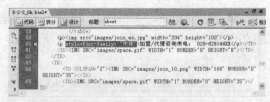

图 6-23　内联式 CSS 样式

6.3.1　创建样式表文件

在 Dreamweaver CS3 中，提供了专门用于创建 CSS 的文档，可以在此类型的文档中，编写包含各种 CSS 规则定义的代码。

练习 6-4　如何创建新样式表文件

1 启动 Dreamweaver CS3 软件，然后在菜单栏中选择【文件】|【新建】命令。

2 打开【新建文档】对话框后切换到【常规】选项卡，然后选择【基本页】类型，再选择

【CSS】基本页，最后单击【创建】按钮，如图 6-24 所示。

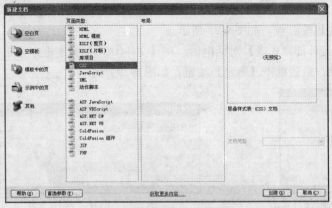

图 6-24　新建 CSS 文档

3 新建 CSS 文档后，编辑窗口中默认显示两行说明信息，接着在第 3 行开始输入如下代码，如图 6-25 所示。

```
body {
    background-image: url(images/bg.png);
}li {
    list-style-image: url(images/icon.jpg);
}
```

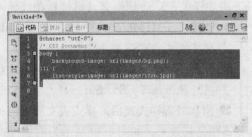

图 6-25　输入定义 CSS 规则的代码

当输入代码时，Dreamweaver CS3 将使用代码提示用户建立一些选项，以帮助完成代码编写，如图 6-26 所示。若想要 Dreamweaver CS3 自动提示输入的代码时，按下 Enter 键即可。

4 编写代码后，即可选择【文件】|【保存】命令，将样式表保存为"6-3-1_Ok.css"文档。

除了上述介绍的方法外，还可以通过【新建 CSS 规则】面板设置新建样式表文件，只需在此对话框的【定义在】项目中选择【新建样式表文件】选项即可，如图 6-27 所示。

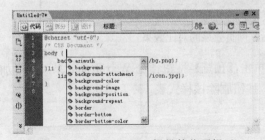

图 6-26　Dreamweaver 提供的代码提示

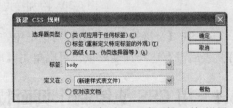

图 6-27　通过【新建 CSS 规则】面板设置新建样式表文件

6.3.2　附加样式表

创建 CSS 样式表文档后，即可将其附加到网页文档中。将样式表附加到网页后，在样式表中定义的 CSS 规则将应用到页面上的相应元素。本例将利用上一小节创建的 6-3-1_Ok.css 文档附加到网页，以修改网页滚动条的外观。

练习 6-5　如何附加样式表

1 打开配套光盘中的"\练习素材\Ch06\6-3-2.html"文档，然后打开【CSS 样式】面板，单击【附加样式表】按钮 ，如图 6-28 所示。

2 弹出【链接外部样式表】对话框后，在【文件/URL】文本框中指定样式表文档，然后选择【链接】选项，最后单击【确定】按钮，如图 6-29 所示。

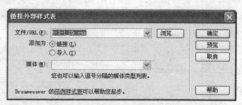

图 6-28　附加样式表　　　　　　　　　图 6-29　链接外部样式表

添加样式表 CSS 规则有【链接】和【导入】两种方式，它们的说明如下：

● **链接**：在 HTML 代码中创建一个"link href"标签，并引用指定样式表所在的 URL，并将其定义的 CSS 规则添加至网页。

● **导入**：这种方法可以将附加样式表的 CSS 规则嵌入网页的 HTML 代码内，如同在"代码"视图编写 CSS 规则一样。

3 附加外部样式表后，样式表文档中的 CSS 规则即产生作用，此时可保存文档，并通过浏览器预览其效果，如图 6-30 所示为附加样式表前后的对比效果。

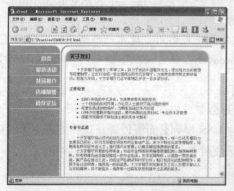

图 6-30　附加样式表前后，网页效果的对比效果

4 在【链接外部样式表】对话框中，可以单击【预览】按钮预览 Web 页面效果。若附加样式表后没有达到预期效果，可以单击【取消】按钮删除该样式表。

6.4　用 CSS 滤镜制作页面特效

CSS 规则提供了一种扩展样式，包括了分页、指针和滤镜，将创建的 CSS 滤镜套用至网页中的内容中可以产生一些特殊效果，例如模糊、透明、水波纹等。在 Dreamweaver CS3 中，可通过定义"alpha"扩张样式的 CSS 规则，制作透明图像效果。

练习 6-6　如何制作透明图像效果

1 打开光盘中的"\练习素材\Ch06\6-4-1.html"文档，然后打开【CSS 样式】面板，单击

【新建 CSS 规则】按钮 。

2 弹出【新建 CSS 规则】对话框后，选择【类（可应用于任何标签）】选项，并设置名称为【.alpha】，再选择【仅对该文档】选项，然后单击【确定】按钮，如图 6-31 所示。

3 弹出【.alpha 的 CSS 规则定义】对话框后，选择【扩展】分类，在右边窗格中选择滤镜为【Alpha(Opacity=?, FinishOpacity=?, Style=?, StartX=?, StartY=?, FinishX=?, FinishY=?)】，接着修改滤镜代码为 Alpha(Opacity=50)，然后单击【确定】按钮，如图 6-32 所示。

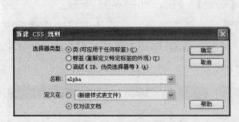

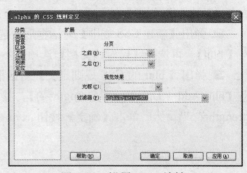

图 6-31　新建 CSS 规则　　　　　　　　图 6-32　设置 alpha 滤镜

4 在网页下方选择需要套用 CSS 滤镜的图像并打开【属性】面板，接着打开【类】项目的列表框，选择【alpha】选项，如图 6-33 所示。

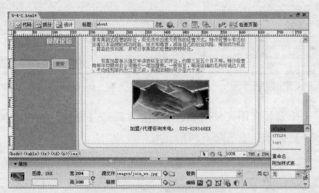

图 6-33　套用"alpha"滤镜

5 完成上述操作后，可以保存网页，然后打开浏览器预览网页，如图 6-34 所示为套用"alpha"滤镜前后的对比效果。

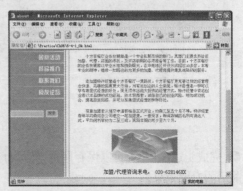

图 6-34　套用"alpha"滤镜前后的对比效果

6.4.1 制作模糊图像

在 Dreamweaver CS3 中，可以通过定义"blur"扩张样式的 CSS 规则，制作呈现模糊效果的图像。

练习 6-7 如何制作模糊图像效果

1 打开配套光盘中的"\练习素材\Ch06\6-4-2.html"文档，然后打开【CSS 样式】面板，单击【新建 CSS 规则】按钮 。

2 弹出【新建 CSS 规则】对话框后，选择【类（可应用于任何标签）】选项，并设置名称为【.blur】，再选择【仅对该文档】选项，然后单击【确定】按钮，如图 6-35 所示。

3 弹出【.blur 的 CSS 规则定义】对话框后，选择"扩展"分类，在右边窗格中选择滤镜为【blur(Add=?,Direction=?,Strength=?)】，接着修改滤镜代码为 blur(Add="1",Direction="45", Strength="5")，然后单击【确定】按钮，如图 6-36 所示。

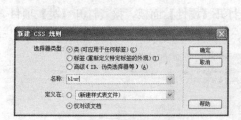

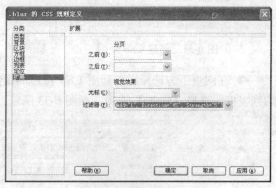

图 6-35 新建 CSS 规则　　　　　　　图 6-36 设置 blur 滤镜

4 在网页下方选择需要套用 CSS 滤镜的图像并打开【属性】面板，接着打开【类】项目的列表框，选择【blur】选项，如图 6-37 所示。

图 6-37 套用"blur"滤镜

5 完成上述操作后，可以保存网页，然后打开浏览器预览网页，如图 6-38 所示为套用"blur"滤镜前后的对比效果。

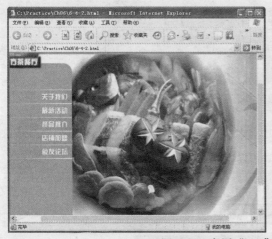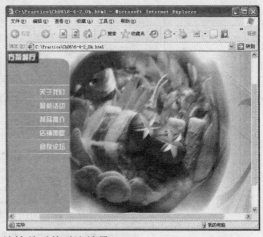

图 6-38　套用"blur"滤镜前后的对比效果

6.4.2　制作波浪效果

下例将新增"Wave"滤镜的扩展 CSS 规则，为网页上的 logo 图像设置水波纹效果。

练习 6-8　如何制作水波纹图像

1 打开配套光盘中的"\练习素材\Ch06\6-4-3.html"文档，然后打开【CSS 样式】面板，单击【新建 CSS 规则】按钮。

2 弹出【新建 CSS 规则】对话框后，选择【类（可应用于任何标签）】选项，并设置名称为【wave】，再选择【仅对该文档】选项，然后单击【确定】按钮，如图 6-39 所示。

3 弹出【wave 的 CSS 规则定义】对话框后，选择【扩展】分类，在右边窗格中选择滤镜为【Wave(Add=?, Freq=?, LightStrength=?, Phase=?, Strength=?)】，接着修改滤镜代码为"Wave(Add="0", Freq="4", LightStrength="5", Phase="5", Strength="2")"，然后单击【确定】按钮，如图 6-40 所示。

图 6-39　新建 CSS 规则

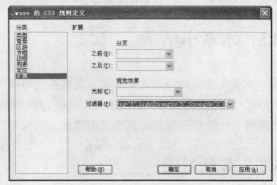

图 6-40　设置"Wave"滤镜

4 选择网页左上角的 Logo 图像并打开【属性】面板，接着打开【类】项目的列表框，选择【wave】选项，如图 6-41 所示。

5 完成上述操作后，可以保存网页，然后打开浏览器预览网页，如图 6-42 所示为套用"wave"滤镜前后的对比效果。

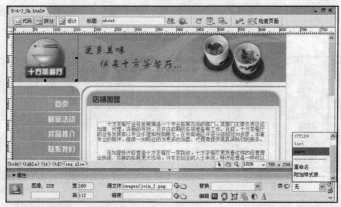

图 6-41　为图像套用"wave"滤镜

图 6-42　套用"wave"滤镜前后的对比效果

除了上述介绍的三种CSS滤镜外,还可以创建其他滤镜,例如阴影(Shadow)、反相(Invert)、发光（Glow）、色度（Chroma）等。

6.5　本章小结

本章先介绍CSS样式的起源、发展与它的规则组成、类型和加入网页的方法,然后以实例的形式介绍创建与编辑CSS规则的方法,以及创建与附加CSS样式表的技巧,最后通过三个简单的例子介绍CSS滤镜在制作页面特效上的应用。

6.6　本章习题

一、填充题

1. CSS 是_____的缩写,即_____,有人称之为_____。

2. 1994 年_____提出"CSS（层叠样式表）",并在 1996 年通过审核正式发表了_____,这是 CSS 样式表的最初版本,目前 CSS 版本是_____。

3. CSS 格式设置规则由_____和_____两部分组成。

4. CSS 规则选择器可以定义为_____、_____、_____"三种类型。

5. 若是内部 CSS 样式表的一系列 CSS 规则，包含在 HTML 文档_____部分的_____标签内。

6. CSS 规则为用户提供了一种扩展样式，包括了_____、_____和_____。

7. 若使用"链接"方式附加 CSS 样式表，在 HTML 代码中创建一个_____标签，并引用指定样式表所在的 URL。

二、选择题

1. CSS 样式表文件的格式是什么？　　　　　　　　　　　　　　　　　　（　　）

    A. html　　　　　　B. css　　　　　　C. asp　　　　　　D. js

2. 声明由哪两部分组成？　　　　　　　　　　　　　　　　　　　　　　（　　）

    A. 属性和规则　　B. 属性和值　　C. 规则与值　　D. 标签与标头

3. 以下哪种 CSS 规则选择器类型是重定义 HTML 标签的格式？　　　　（　　）

    A. 类　　　　　　B. 高级　　　　　C. 标签　　　　　D. 属性

4. 类规则的名称必须以什么符号开头，并且可以包含任何字母和数字组合？（　　）

    A. 逗号　　　　　B. 句号　　　　　C. 叹号　　　　　D. 句点号

5. 若是外部链接 CSS 样式表的一系列 CSS 规则，Dreamweaver CS3 会将这些规则链接至文档哪个部分？　　　　　　　　　　　　　　　　　　　　　　　　　　　（　　）

    A. <body>部分　　B. <head>部分　　C. <style>部分　　D. <td>部分

三、练习题

练习内容：运用 CSS 规则制作网页

练习说明：先打开配套光盘中"\练习素材\Ch06\6-6.html"练习文件，先创建一个名为".text"的类规则，然后定义文本字体为"新宋体"、大小为 12px、颜色为"#666666"的 CSS 规则，并套用网页中间表格内所有文本。再新建"gray"类规则，定义"gray"扩展滤镜，然后套用至网页中间表格内的图像，最终效果如图 6-43 所示。

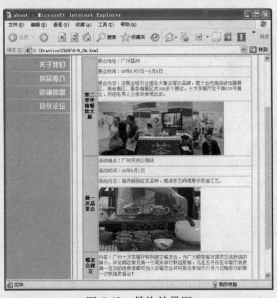

图 6-43　最终效果图

操作提示：

1. 打开【CSS 样式】面板，然后单击【新建 CSS 规则】按钮，弹出【新建 CSS 规则】对话框后，选择"类（可应用与任何标签）"选项，并输入名称为"text"，接着选择"仅对该文档"选项，然后单击【确定】按钮。

2. 弹出【.text 的 CSS 规则定义】对话框后，选择"类型"分类，设置文本字体为"新宋体"、大小为 12px、颜色为"灰色（#666666）"，然后单击【确定】按钮。

3. 依次选择网页中间表格内的文本，然后通过【属性】面板套用"text"样式。

4. 在【CSS 样式】面板中继续单击【新建 CSS 规则】按钮，弹出【新建 CSS 规则】对话框后，选择"类（可应用与任何标签）"选项，再选择标签为"gray"，再选择"仅对该文档"选项，然后单击【确定】按钮。

5. 弹出【gray 的 CSS 规则定义】对话框后，选择"扩展"分类，在右边窗格中选择滤镜为"gary"，然后单击【确定】按钮。

6. 分别选择网页中间表格内的两个图像，然后通过【属性】面板套用"gray"样式。

第 7 章　框架与链接的应用

教学目标

了解使用框架进行页面布局的各种操作，各种网页链接的创建与管理方法以及通过链接将网站中的网页进行系统的关联。

教学重点与难点

➢ 框架集与框架的概念及作用
➢ 创建框架集与框架
➢ 指定框架源文件和设置框架属性
➢ 调整框架，拆分、删除框架以及插入嵌套框架
➢ 制作浮动框架与编辑无框架内容
➢ 插入和设置各种超级链接
➢ 制作图像热点链接
➢ 插入锚记并创建锚记链接

7.1 框架集与框架

框架集是一种特殊的 HTML 文件，通过定义一组框架的布局和属性，包括框架的数目、框架的大小和位置以及在每个框架中初始显示页面的源文件。框架主要是指浏览器窗口中的一个独立的区域，可指定网页为源文档，而这个网页与浏览器窗口其他区域的内容毫无关系，也可与其他区域的内容组成一个整体的网页。

框架集本身并不包含要在浏览器中显示的网页内容，它只是向浏览器提供如何显示一组框架以及在这些框架中应显示哪些文档的有关信息。当为框架集中各区域的框架指定相关的网页源文件后，便可实现在同一页面中显示多个网页文档内容。如图 7-1 所示，即为框架集与框架的关系图。

 当需要插入一组框架时，就需要在浏览器地址栏输入框架集文件的路径，此时浏览器会打开要显示这些框架的对应网页。若只需浏览框架集当中的某个框架，那么在浏览器地址栏输入该框架文档路径即可。

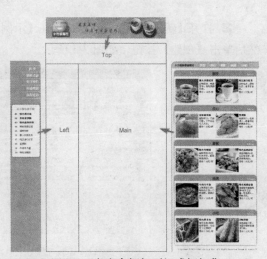

图 7-1　由多个框架页组成框架集

7.2 设计框架式页面布局

网页设计除了外观精美外还要考虑是否易于浏览。在一些特殊的情况下，框架式网页的呈现方式可以方便页面的显示，而且便于浏览者通过框架页的控件选择需要浏览的页面。

7.2.1 创建框架集与框架

框架常用于具有导航作用的布局设计，例如一个上下结构的框架集，上框架可显示拥有网站 Logo 和导航控件的网页文档；下框架则以较大部分篇幅显示主要内容。而这只是简单的框架页设计，可以依照实际需求创建不同结构的框架集。

 嵌套框架，就是在一个框架集内插入另外的框架集。网络中很多较复杂的框架网页都是使用嵌套框架集，Dreamweaver CS3 也定义了很多种具有嵌套框架的框架集结构。

练习 7-1 如何创建框架集与框架

1 启动 Dreamweaver CS3 软件，在起始页中单击【框架集】项目，如图 7-2 所示。

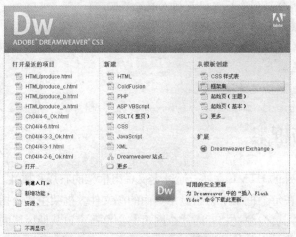

图 7-2 从模板创建框架集

2 打开【新建文档】对话框后，在【示例页】列表框中选择【上方固定，左侧嵌套】选项，然后单击【创建】按钮，如图 7-3 所示。

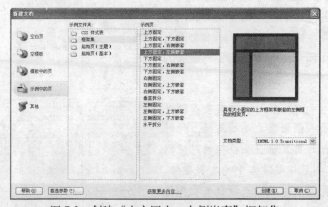

图 7-3 创建"上方固定，左侧嵌套"框架集

若启动 Dreamweaver CS3 软件后没有显示起始页，也可选择【文件】|【新建】命令，打开【新建文档】对话框。

3 显示【框架标签辅助功能属性】对话框后，分别为上框架、左框架以及主框架设置标题为 top、left、main，完成后单击【确定】按钮，如图 7-4 所示。

图 7-4　设置框架的标签

 如果取消框架标签的设置，该框架集依然可以创建，但 Dreamweaver CS3 就不会将框架集与辅助功能标签或属性相关联。

4 经过上述操作后，便产生一个"上方固定，左侧嵌套"结构的框架集，以及组成该框架集的框架，如图 7-5 所示。

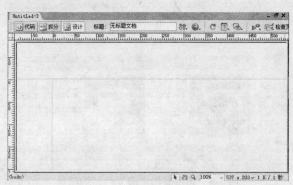

图 7-5　创建框架集的结果

 如果一个网页在浏览器中显示为三个框架，那么它实际至少包含四个单独的 HTML 文档，即框架集文档以及三个显示于框架的文件（即框架的源文件）。

7.2.2　指定框架源文件

创建框架集文件后，Dreamweaver CS3 默认以空白网页作为每个框架的源文件。此时，可以将预先设计好的网页指定为对应框架的源文件，以便让这些网页显示在框架集内。本例将以上一小节的操作结果为框架集的上、左、主框架，指定配套光盘中的"\练习素材\Ch07\top.html、left.html、main.html"素材网页作为源文件。

练习 7-2　如何指定框架源文档

1 在菜单栏中选择【窗口】|【框架】命令，打开【框架】面板后选择上框架，在【属性】面板中单击【源文档】栏后面的【浏览文件】按钮，如图 7-6 所示。

2 打开【选择 HTML 文件】对话框后，指定查找范围并选择源文件，然后单击【确定】按钮，如图 7-7 所示。

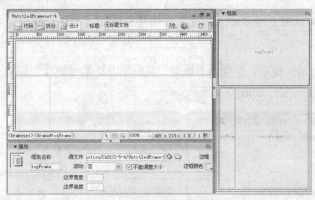

图 7-6　设置上框架源文件　　　　　　　　图 7-7　选择 HTML 文件

3 此时会打开提示对话框说明将以 "file://" 路径指定文档，单击【确定】按钮即可。

4 依照上述步骤的方法，分别为左框架和主框架指定源文件为 "left.html" 和 "main.html"，最终结果如图 7-8 所示。

图 7-8　为框架指定源文件后的结果

当框架集文件没有保存时，Dreamweaver CS3 会以绝对路径将框架源文件与框架集关联起来。只需将框架集文件保存在框架源文件同一目录下，Dreamweaver CS3 就会自动将框架源文件以绝对路径转换成相对路径的方式与框架集关联。

7.2.3　保存框架集文件

创建框架集并指定框架源文件后，即可将框架与框架集文件保存。一个框架集文件通常包含两个或两个以上的框架，在保存框架集文件时常常会出现连续保存文件的情况。

练习 7-3　如何保存框架集文件

1 在菜单栏选择【文件】|【保存全部】命令，Dreamweaver CS3 即会检测窗口中未被保存的文件，由于框架源文件已经存在，所以此时只会保存框架集文件。

　选择【文件】|【框架集另存为】命令，或者按下 Ctrl+Shift+S 快捷键，也可打开【另
TIPS　存为】对话框保存框架集文件。

2 打开【另存为】对话框后设置框架集文件名，单击【保存】按钮即可，如图 7-9 所示。

3 若只需保存单个框架文件，可选择【窗口】|【框架】命令，然后在【框架】面板中选择对应的框架，再选择【文件】|【保存框架页】命令即可，如图 7-10 所示。

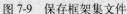

图 7-9 保存框架集文件   图 7-10 保存框架页

 如果是窗口中的所有文件都未被保存，那么执行"保存全部"命令后，Dreamweaver CS3 将会打开【另存为】对话框先保存框架集文件，然后继续打开【另存为】对话框保存其他框架文件，并依照主框架、左右框架、上下框架的顺序依次保存文档。

7.2.4 设置框架集属性

在创建框架网页后，可以依照实际的需求对框架集属性进行必要的设置，例如设置框架集是否显示边框、边框的宽度与颜色、框架集的行列大小等。

练习 7-4 如何设置框架集属性

1 打开配套光盘中的"\练习素材\Ch07\7-2-4.html"文档，选择【窗口】|【框架】命令或按下 Shift+F2 快捷键，打开【框架】面板，然后单击外边框以选择框架集，如图 7-11 所示。

2 在【属性】面板中打开【边框】列表框并选择【否】选项（当边框的显示设置为"否"，边框的宽度设置的数值就没有作用了），如图 7-11 所示。

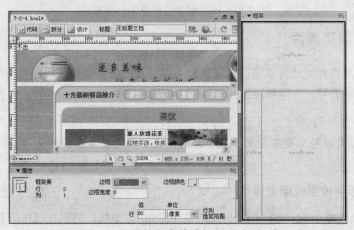

图 7-11 设置框架集体边框显示为"否"

3 再回到【框架】面板，然后单击嵌套框架集边框，选择嵌套框架集，打开【属性】面板，设置边框的显示为"否"，如图 7-12 所示。

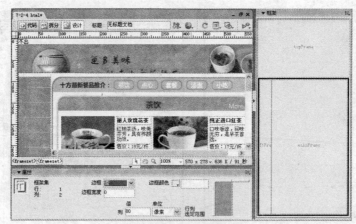

图 7-12 设置嵌套框架集边框显示为"否"

4 设置框架集属性后保存框架集文件，按下 F12 功能键预览网页效果，如图 7-13 所示。

图 7-13 取消框架边框显示的结果

7.2.5 设置框架页属性

除了框架集属性外，还可以通过【属性】面板设置框架页属性，例如框架源文件、框架边框、是否显示滚动条等。下例将通过【属性】面板设置上框架不显示滚动，左框架则不能调整大小。

 以下练习素材的上框架设置了显示滚动，左框架设置了可调整大小。

练习 7-5 如何设置框架页属性

1 打开配套光盘中的"\练习素材\Ch07\7-2-5.html"文档，然后在【框架】面板上选择上框架，打开【属性】面板，设置滚动为【否】，如图 7-14 所示。

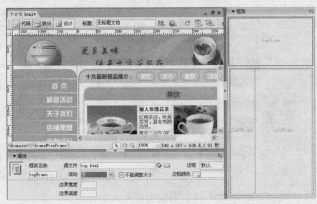

图 7-14　设置上框架不可滚动

2 在【框架】面板中选择左框架，然后打开【属性】面板，选择【不能调整大小】复选项，如图 7-15 所示。如此左框架在浏览器预览时，浏览者无法调整其大小。

当选择【不能调整大小】复选项后，左框架在浏览器预览时，浏览者无法调整其大小。

图 7-15　设置左框架不能调整大小

7.3　调整与编辑框架页

在设计框架网页时，经常需要依照设计的需求对框架进行适当的编辑，例如调整、增加、删除框架等。

7.3.1　调整框架大小

当创建框架集并为各个框架指定源文件后，即可依照各框架页面内容来调整框架大小，以便能够以最佳效果显示网页。调整框架大小的方法有两种：第一是直接调整，通过【属性】面板直接输入框架的宽、高参数；第二是手动调整，利用鼠标拖动边框，达到调整框架大小的目的。下面将以手动调整的方法为例，介绍调整框架大小的操作。

练习 7-6　如何手动调整框架

1 打开配套光盘中的"\练习素材\Ch07\7-3-1.html"文档，使用鼠标按住上框架与其他框架共用的水平边框，并向下拖至合适的位置，以扩大上框架的高度，如图 7-16 所示。

图 7-16　调整上框架大小

2 使用鼠标按住左框架与主框架共用的边框，并向右拖至合适的位置，以增大左框架的宽度，如图 7-17 所示。

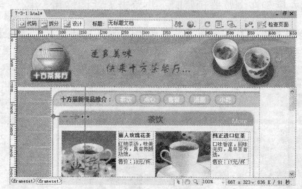

图 7-17　调整左框架大小

7.3.2　拆分框架页

Dreamweaver CS3 定义了多种结构的框架集，但有时默认提供的框架集并不适合网页的设计。此时可以通过拆分框架处理，让框架集的结构有更丰富的变化，以适合设计的需求。

练习 7-7　如何拆分框架页

1 打开配套光盘中的 "\练习素材\Ch07\7-3-2.html" 文档，在【文档】工具栏中单击【可视化辅助】按钮，然后从打开的菜单中选择 "框架边框" 命令，以显示框架集的边框。如图 7-18 所示。

图 7-18　显示框架集边框

选择【查看】|【可视化助理】|【框架边框】命令，也可让框架边框在【文档】窗口的【设计】视图中显示。

2 使用鼠标按住框架集下面的边框，然后向上拖至合适的位置，即可为框架集拆分下框架，如图 7-19 所示。

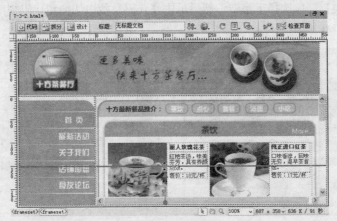

图 7-19　拆分下框架

3 按下 Shift+F2 快捷键打开【框架】面板，选择下框架后打开【属性】面板，指定配套光盘中的"\练习素材\Ch07\bottom.html"作为框架源文件，并设置不显示滚动和不能调整大小，如图 7-20 所示。

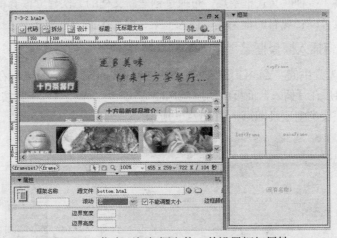

图 7-20　指定下框架源文件，并设置框架属性

 除了手动拆分框架的方法外，还可以在菜单栏选择【修改】|【框架集】命令，然后从子菜单中依照需要选择"拆分左框架、拆分右框架、拆分上框架、拆分下框架"等命令，从而达到拆分框架的目的。

7.3.3　删除框架页

当框架集出现有多余的框架时，可以将框架删除。所删除框架的源文件将不再会显示在网页窗口。只需将框架的内边框拖出 Dreamweaver CS3 的编辑窗口，即可删除此框架。

练习 7-8 如何删除框架页

1 先打开配套光盘中的"\练习素材\Ch07\7-3-3.html"文档，然后使用鼠标按住下框架的内边框，再将它拖出编辑窗口即可，如图 7-21 所示。

2 还可以通过代码设计视图将框架的 HTML 代码删除，达到删除该框架的目的。如图 7-22 所示，通过【框架】面板选择下框架，然后单击【代码】按钮切换到代码视图，按下 Delete 键删除已选定的 HTML 代码即可。

图 7-21 删除框架页

图 7-22 删除 HTML 代码达到删除框架的目的

7.3.4 插入嵌套框架

使用嵌套框架有助于框架布局的处理，以及制作比较复杂的框架网页。Dreamweaver CS3 的框架模板中提供了多种嵌套式框架集，可通过创建新文档的方法建立嵌套框架。在已建立框架集的情况下，也可以在现有的框架集中插入框架，以产生嵌套框架。

练习 7-9 如何插入嵌套框架

1 打开配套光盘中的"\练习素材\Ch07\7-3-4.html"文档，先定位光标在已有的框架集的下方框架页中，然后在【插入】面板中切换至"布局"分类，单击【框架】按钮打开下拉选单，选择需要插入的框架类型项目即可，如图 7-23 所示

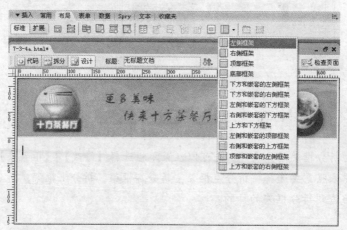

图 7-23 插入产生嵌套框架

2 显示【框架标签辅助功能属性】对话框后，分别为左右框架设置标题为 left 和 main，然后单击【确定】按钮，如图 7-24 所示。

图 7-24 设置框架标题

3 按下 Shift+F2 快捷键打开【框架】面板，选择"leftFrame"框架，在【属性】面板的【源文件】栏中指定配套光盘中的"\练习素材\Ch07\left.html"作为框架源文件，如图 7-25 所示。

图 7-25 指定源文件

4 根据步骤 3 相同的操作方法，再为"mainFrame"框架指定原文件为配套光盘中的"\练习素材\Ch07\main.html"，结果如图 7-26 所示。

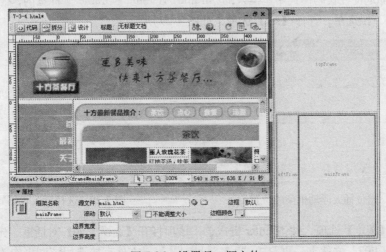

图 7-26 设置另一源文件

5 使用鼠标按住左框架与主框架共用的边框，并向右拖至合适的位置，增大左框架的宽度，如图 7-27 所示。

图 7-27 调整框架宽度

7.3.5 制作浮动框架

浮动框架和组成框架集的框架类似,不同之处在于浮动框架及其内容是以嵌入的方式插入到网页中,它相对于一般框架的优势在于可以插入到页面的任意位置。在 Dreamweaver CS3 中,需要通过代码视图才可以插入浮动框架的 HTML 标签,并要求输入浮动框架的相关代码,例如源文件、名称、大小、是否显示滚等。

练习 7-10 如何插入浮动框架

1 打开配套光盘中的"\练习素材\Ch07\7-3-5.html"文档,在【文档】工具栏中单击【拆分】按钮同时显示代码视图,然后在设计视图模式中将光标定位在网页右方空白单元格内,在代码视图中快速找到相应位置,如图 7-28 所示。

2 在代码视图中定位所找到的对应的光标位置,选择【插入记录】|【HTML】|【框架】|【IFRAME】命令,在代码视图中插入浮动框架标签 "<iframe></iframe>"。

3 将光标定位在代码模式中已插入的"iframe"代码的"<iframe>"标签内,然后按下 Enter 键,自动打开下拉选单,选择【src】选项,如图 7-29 所示。

图 7-28 定位插入浮动框架的位置

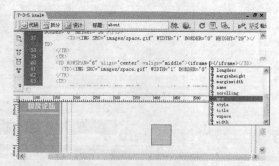

图 7-29 选择插入代码

4 显示【浏览】选项,按下 Enter 键或单击该项打开【选择文件】对话框,先在【查找范围】栏指定"Ch07"文件夹,再双击"7-3-5a.html"素材文件直接选用该网页作为浮动框架源文件,如图 7-30 所示。

5 依照步骤 3 和步骤 4 的方法,或以直接输入的方式,编写代码"width="440" height="390"",如图 7-31 所示,设置浮动框架的宽度和高度。

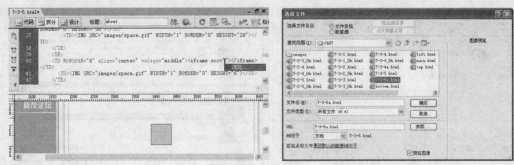

图 7-30 指定源文件

6 插入浮动框架后，即可在菜单栏选择【文件】|【保存全部】命令，保存制作好的浮动框架。按下 F12 功能键，打开浏览器预览网页，结果如图 7-32 所示。

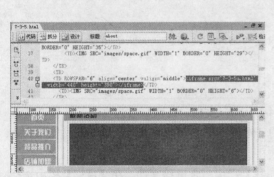

图 7-31 设置宽/高参数

图 7-32 插入浮动框架后的结果

7.3.6 编辑无框架内容

早期低版本的浏览器是不支持框架技术的，而目前大多数的浏览器都已经支持框架显示（从 IE 4.0（包括 4.0）起，IE 浏览器就可以支持框架网页）。为了方便部分使用低版本浏览器的用户能够在无法显示框架网页时给予提示，可以为框架集设置无框架内容，即因浏览器问题而无法正常浏览框架网页时显示提示内容。

练习 7-11 如何编辑无框架内容

1 打开配套光盘中的"\练习素材\Ch07\7-3-6.html"文档，然后选择【修改】|【框架集】|【编辑无框架内容】命令，打开无框架内容编辑视图。

2 进入无框架内容页面编辑视图后，输入说明浏览器不支持框架显示的原因或者相关的提示内容，如图 7-33 所示。

3 选择【修改】|【框架集】|【编辑无框架内容】命令，以切换回正常的网页编辑窗口。

4 设置无框架内容后，当浏览者无法显示框架内容时，即会出现无框架内容，以告知浏览者无法浏览框架网页可能的原因。

另外，除了上述方法外，还可以通过代码设计视图输入无框架内容。如图 7-34 所示，在<noframes>和</noframes>标签内输入内容即可。

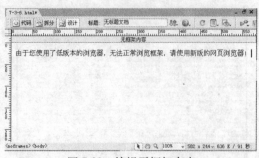

图 7-33　编辑无框架内容

图 7-34　通过"代码"设计视图输入无框架内容

7.4　创建超级链接

Dreamweaver CS3 提供了多种创建超级链接的方法，可创建文档、图像、多媒体文件或可下载软件的链接，也可创建到文档内任意位置的任何文本或图像的链接。

7.4.1　文本超级链接

文本超级链接即以文本作为对象，与网站内或网站外的文档建立关联的链接，是网页设计中最常用的链接之一。

练习 7-12　如何插入文本超级链接

1 打开配套光盘中的"\练习素材\Ch07\7-4-1.html"文档，在网页右边文本第一段开头选择"十方茶餐厅"内容，然后在【插入】面板的"常用"分类中单击【超级链接】按钮，如图 7-35 所示。

2 打开【超级链接】对话框后，分别在【链接】栏中指定链接文件，在【目标】栏中选择"_blank"选项，如图 7-36 所示的设置，然后单击【确定】按钮。

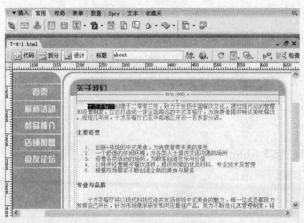

图 7-35　插入文本超链接

图 7-36　设置超链接的属性

超级链接的目标的解析如下：

● _blank：将链接的文件载入一个未命名的新浏览器窗口中。

● _parent：将链接的文件载入含有该链接的框架的父框架集或父窗口中。如果包含链接的框架不是嵌套的，则链接文件加载到整个浏览器窗口中。

- **_self**: 将链接的文件载入该链接所在的同一框架或窗口中。此目标是默认的，所以通常不需要指定它。
- **_top**: 将链接的文件载入整个浏览器窗口中，因而会删除所有框架。

3 插入文本超级链接后，即可按下 F12 功能键打开浏览器测试链接效果，如图 7-37 所示。

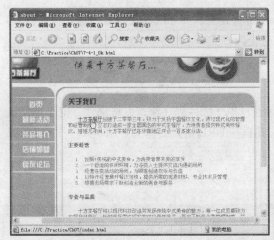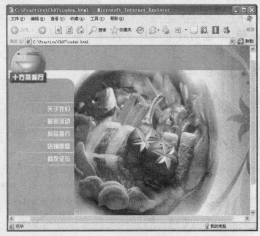

图 7-37　测试文本超链接

7.4.2　图像超级链接

图像超级链接是以图像作为对象，与网站内或外的文档建立关联的链接。它与文本超级链接一样，也是常用的超级链接方式。

练习 7-13　如何设置图像超级链接

1 打开配套光盘中的"\练习素材\Ch07\7-4-2.html"文档，选择网页左边导航列中内容为"首页"的图像，单击【属性】面板"链接"选项后的【浏览文件】按钮，如图 7-38 所示。

2 打开【选择文件】对话框后，选择配套光盘中的"\练习素材\Ch07\index.html"文件，然后单击【确定】按钮，如图 7-39 所示。

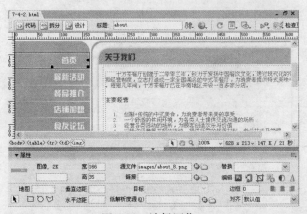

图 7-38　选择图像　　　　　　　　　　　图 7-39　选择图像链接目标文档

3 返回 Dreamweaver CS3 编辑窗口，设置链接目标为【_blank】，以便让链接目标从新窗口中打开，如图 7-40 所示。

图 7-40 设置图像链接目标

 对于文本超级链接，也可使用上例的方法进行设置，即可选择文本后，通过【属性】
面板设置链接文档与目标。

7.4.3 电子邮件链接

在网页中创建电子邮件链接，可以让浏览者通过电子邮件程序快速发送邮件。电子邮件链接的对象可以是文本也可以是图像等媒体文件，其链接 URL 格式必需为："mailto:"+"电子邮件地址"。

练习 7-14　如何插入电子邮件链接

1 打开配套光盘中的"\练习素材\Ch07\
7-4-3.html"文档，然后将光标定位在页面底
下"E-mail"文本后面，接着在菜单栏选择
【插入记录】|【电子邮件链接】命令，如图
7-41 所示。

2 打开【电子邮件链接】对话框后，输
入文本为"联系管理员"、E-Mail 为"serve@
shifang.com"，然后单击【确定】按钮，如图
7-42 所示。

3 返回 Dreamweaver CS3 编辑窗口，选
择网页左边导航列中内容为"联系我们"的
图像，在【属性】面板的【链接】栏中输入
电子邮件代码"mailto:seave@shifang.com"，
并按下 Enter 键确定，如图 7-43 所示。

图 7-41　插入电子邮件链接

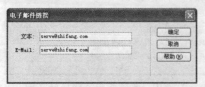

图 7-42　设置电子邮件链接属性

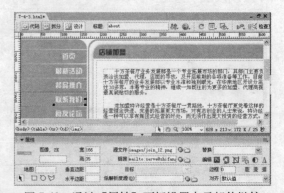

图 7-43　通过【属性】面板设置电子邮件链接

4 设置电子邮件链接后，即可将文档保存并通过浏览器测试链接效果。当浏览者单击网页
中的电子邮件链接时，将打开一个新的邮件发送窗口（使用的是与用户浏览器相关联的邮件程

序）。在该窗口中的"收件人"文本框自动更新为显示电子邮件链接中指定的地址。如图 7-44
所示。

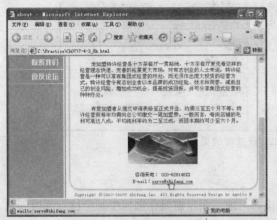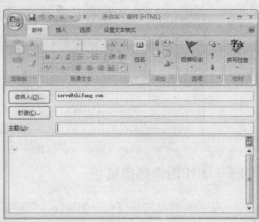

图 7-44 单击电子邮件链接后，即可快速发送邮件

7.4.4 文件下载链接

文件下载链接创建的方法与文本链接、图像链接的创建方法一样，所不同的是链接目标文
件不能直接在浏览器中打开，而是显示提示框要求保存链接目标文件，从而达到下载文件的目的。

不能被浏览器直接打开文件有很多种，最常见的就是 RAR 格式的压缩文件，也就是常说
的打包文件。

练习 7–15 如何创建文件下载链接

1 打开配套光盘中的"\练习素材\Ch07\7-4-4.html"文档，选择网页右边的"下载申请表"
文本。在【属性】面板的【链接】栏中单击【浏览文件】按钮，如图 7-45 所示。

2 打开【选择文件】对话框后，指定配套光盘中的"\练习素材\Ch07\join.rar"素材文件，
然后单击【确定】按钮，如图 7-46 所示。

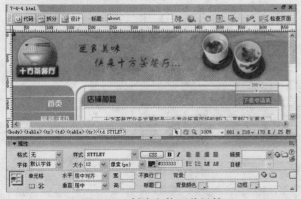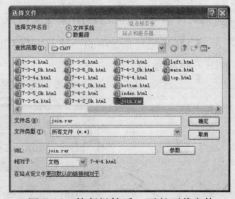

图 7-45 创建文件下载链接　　　　　图 7-46 执行链接后，可以下载文件

3 创建文件下载链接后，可以通过浏览器打开网页再执行所设置的文件下载链接，将打开
【文件下载】对话框后，浏览者便可以将文件下载到所指定的位置，如图 7-47 所示。

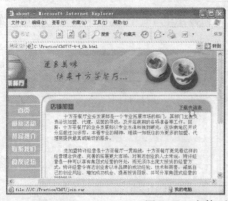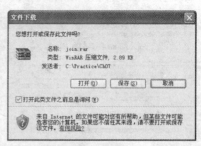

图 7-47 文件下载链接效果

7.4.5 制作图像热点链接

一般的图像链接是以整个图像作为创建链接的对象，而当需要在图像中某个位置范围创建超级链接时，可通过为图像绘制热点区域，再为该热点区域指定链接对象的方法来完成。如此，便可实现在同一图像上建立多个超链接。

 图像地图需要浏览器支持，从 Netscape Navigator 2.0 后续版本、NCSA Mosaic 2.1 和 3.0 以及 Internet Explorer 的所有版本都支持客户端图像地图。

制作图像热点链接必须先为图像创建热点区域，所创建的热点区域默认链接为"#"，即为空链接，因此可为热点区域重新设置其他超链接。Dreamweaver CS3 提供了"矩形热点工具、椭圆形热点工具、多边形热点工具"三种创建热点的工具，其使用分别如下：

- **椭圆形热点工具** ○：将鼠标指针拖至图像上，创建一个圆形或椭圆形热点。
- **矩形热点工具** □：将鼠标指针拖至图像上，创建一个矩形或正方形热点。
- **多边形热点工具** ▽：将鼠标指针拖至图像上，在各个顶点上单击一下，定义一个不规则形状的热点，然后单击箭头工具封闭此形状。

在图像中完成绘制热点区域后，还可以对热点区域进行编辑，其操作包括选择热点、移动热点、调整热点大小等。

练习 7-16 如何创建图像地图热点

1 打开配套光盘中的"\练习素材\Ch07\7-4-5.html"文档，先选择网页左上方的 Logo 图像，如图 7-48 所示。

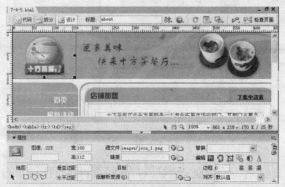

图 7-48 创建图像地图的热点

2 在【属性】面板中单击【椭圆形热点工具】按钮 ◯，然后在图像上拖动绘制一个圆形热点区域，如图 7-48 所示。

3 创建圆形热点区域后，【属性】面板中显示热点区域的各项属性设置，可在【链接】栏中输入 URL，如图 7-49 所示，设置热点区域的超级链接。

图 7-49　设置热点区域的链接

 除上述编辑外，还可以将含有热点的图像从一个文档复制到其他文档，或者复制某图像中的一个或多个热点，然后将其粘贴到其他图像上，以达到移动热点链接的目的。

4 选择网页右上方的横幅图像，在【属性】面板中单击【多边形热点工具】按钮 ♡，然后先在横幅图像中文字左上角单击确定起点，如图 7-50 所示。

5 拖动鼠标，依照图像中文字的轮廓依次单击确定其他节点，最终在起点处单击汇合，如图 7-50 所示，完成多边形热点的绘制。

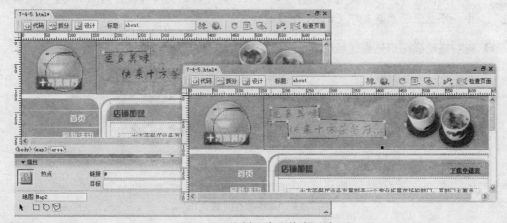

图 7-50　绘制多边形热点区域

6 创建多边形热点区域后，【属性】面板中显示热点区域的各项属性设置，可在【链接】栏中输入 URL，如图 7-51 所示，设置热点区域的超级链接。

7 在【属性】面板中单击【指针热点工具】按钮 ▸，选择椭圆形热点，再按住该热点区域不放移动其位置，使该热点区域与图像中的内容位置吻合，如图 7-52 所示。

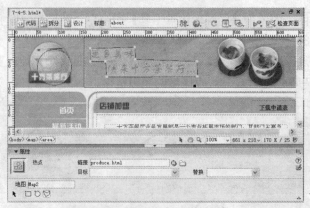

图 7-51 设置热点区域超链接

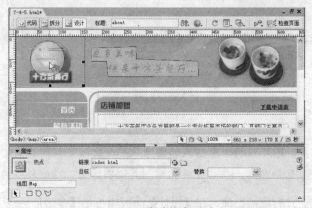

图 7-52 移动热点区域

若需要选择多个热点，可以先按住 Shift 键，然后使用【指针热点工具】▶单击需要选择的热点即可。而若是需要选择全部热点，则可以先使用【指针热点工具】▶选择其中一个热点，然后按下 Ctrl+A 快捷键即可。

8 向右拖动椭圆形热点区域的右侧节点，扩大热点的范围，如图 7-53 所示。

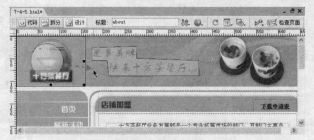

图 7-53 调整热点区域大小

7.5 建立指定位置的链接

在 Dreamweaver CS3 中可以创建跳转到某个页面的特定位置的链接。它可以让浏览者执行链接后跳转到当前页面的特定位置，或者其他页面的特定位置，这种链接就是一般所说的锚记链接。

7.5.1　插入命名锚记

　　要创建锚记链接，就必须先插入命名锚记，然后通过命名锚记让对象链接到文档的特定位置。命名锚记可以在文档中设置标记，这些标记通常放在文档的特定主题处或顶部，然后创建这些命名锚记的链接，即可将访问者带到指定位置。下例将在网页顶端插入名称分别为 01、02、03、04 和 05 的五个命名锚记。

练习 7–17　如何插入命名锚记

　　1 打开配套光盘中的"\练习素材\Ch07\7-5-1.html"文档，将光标定位在网页右方内容为"茶饮"的单元格中，然后在【插入】面板的"常用"分类中单击【命名锚记】按钮 ，如图 7-54 所示。

图 7-54　插入锚记

　　2 打开【命名锚记】对话框后，设置锚记名称为"01"，然后单击【确定】按钮，如图 7-55 所示。

　　3 根据前面两个步骤的相同操作，分别在背景内容为"点心"、"套餐"、"汤面"和"小吃"的单元格内，插入名称为 02、03、04 和 05 的命名锚记，结果如图 7-56 所示。

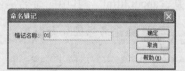

图 7-55　设置命名锚记的名称

图 7-56　插入命名锚记的结果

　　如果看不到锚记元素的图示，可在菜单栏选择【查看】|【可视化助理】|【不可见元素】命令，将锚记显示出来。

7.5.2 创建锚记链接

创建命名锚记的链接的过程分为两步，首先是创建命名锚记，然后创建到该命名锚记的链接。

🌀**练习7-18 如何创建命名锚记链接**

1 打开配套光盘中的"\练习素材\Ch07\7-5-2.html"文档，在网页上方选择背景内容为"茶饮"的热点区域，然后在【属性】面板的【链接】栏中输入内容为"#01"，如图7-57所示。

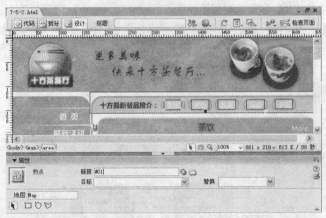

图7-57 设置锚记链接

2 根据步骤1相同的操作，分别为背景内容为"茶饮"、"点心"、"套餐"、"汤面"和"小吃"的热点区域设置锚记链接为"#02""#03""#04"和"#05"，从而完成本例锚记链接的制作。

若要链接到其他网页文件的命令锚记，则需要在锚记链接前添加网页文档名称，例如文档是"about.html"、其中的命名锚记为"01"，那么完整的链接URL即为"about.html#01"。

 锚记名称区分大小写。

7.6 本章小结

本章先介绍了框架集与框架的相关知识，其中包括框架集与框架的概念、创建与保存方法、属性的设置，以及框架的调整与编辑技巧，接着介绍Web页中各种超级链接的创建与设置，再延伸到图像地图链接和命名锚记链接的制作，由浅入深掌握使用框架来布局网页和制作网页链接的知识，进一步提高自身网页设计能力。

7.7 本章习题

一、填充题

1. 框架是_____，它可以指定_____为源文档。

2. 嵌套框架就是_____。

3. Dreamweaver CS3 依照_____、_____、_____、_____的顺序来保

存框架集文件。

4. 浮动框架和组成框架集的框架类似，不同之处在于_____，所以它比一般框架的优势在于可以插入任意的位置。

5. 图像地图指_____的图像，当用户单击某个_____时，即可会发生某种操作。

6. 创建到命名锚记的链接的过程分为两步，就是_____，然后_____。

二、选择题

1. 如果一个网页在浏览器中显示为四个框架，这个网页包含了几个文件？ （　　）

    A. 3 个　　　　　　　B. 4 个　　　　　　　C. 5 个　　　　　　　D. 6 个

2. 在 Dreamweaver CS3 中，必须在什么设计视图下在可以插入浮动框架？ （　　）

    A. 设计视图　　　　B. 行为视图　　　　C. 无框架视图　　　D. 代码视图

3. 可以通过"代码"视图在哪个 HTML 标签内输入信息，即可作为浏览器不可正常浏览框架网页时出现的内容？ （　　）

    A. <iframes>和</iframes>标签　　　　　　B. <noframes>和</noframes>标签

    C. <frames>和</frames>标签　　　　　　　D. <setframes>和</setframes>标签

4. 以下哪个目标设置可以让链接的文件载入一个未命名的新浏览器窗口中？ （　　）

    A. _parent　　　　　B. _blank　　　　　C. _top　　　　　　D. _self

5. 链接目标文件使用以下哪种格式，才可以实现文件下载的目的？ （　　）

    A. HTML　　　　　　B. ASP　　　　　　C. RAR　　　　　　D. JPG

6. 以下哪种不属于 Dreamweaver CS3 为用户提供的热点创建工具？ （　　）

    A. 矩形热点工具　　　　　　　　　　　B. 椭圆形热点工具

    C. 多边形热点工具　　　　　　　　　　D. 指针热点工具

三、练习题

练习内容：在网页中建立框架并设置超级链接

练习说明：先打开配套光盘中"\练习素材\Ch07\7-7.html"文档，先在网页中的空白位置插入一个浮动框架，并为其指定源文件为配套光盘中的"\练习素材\Ch07\7-7i.html"文档，然后分别为网页左边的一组导航按钮设置超链接，指定相应的素材文档，最终效果如图 7-58 所示。

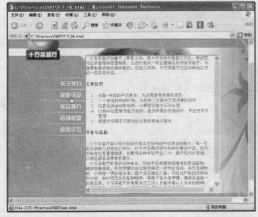 

图 7-58　最终效果图

操作提示:

1. 在【文档】工具栏中单击【拆分】按钮同时显示"代码"视图，然后在"设计"视图模式中将光标定位在网页中空白表格内，在"代码"视图中快速找到相应位置。

2. 定位"代码"视图定位所找到对应的光标位置，选择【插入记录】|【HTML】|【框架】|【IFRAME】命令，在"代码"视图插入浮动框架标签"<iframe></iframe>"。

3. 再定位光标在"代码"模式中已插入的"iframe"代码的"<iframe>"标签内，然后按下 Enter 键，打开下拉选单选择"src"选项，接着单击显示的【浏览】选项，在打开的【选择文件】对话框中指定配套光盘中的"\练习素材\Ch07\7-7i.html"文档。

4. 根据提示 3 相同的操作再编写代码"width="429" height="423""。

5. 接着选择网页左边导航列中内容为"关于我们"的图像，单击【属性】面板"链接"选项后的【浏览文件】按钮▭，在打开【选择文件】对话框中选择配套光盘中的"\练习素材\Ch07\about.html 文件，然后单击【确定】按钮。

6. 根据提示 5 相同的方法，再为别为"最新活动"、"餐品推介"和"店铺加盟"内容的图片设置超链接分别为"Ch07"文件夹中的"new.html""produce.html"和"join.html"文档。

7. 最后再内容为"食友论坛"的图片，在【属性】面板的【链接】栏中输入"#"字符，将其设置为空链接。

第 8 章　制作行为、AP 元素、时间轴和 Spry 特效

教学目标

掌握利用行为、AP 元素（层）、时间轴这三种 Web 元素制作页面特效的方法，以及 Dreamweaver CS3 新增的 Spry 页面局部动态设计技巧。

教学重点与难点

➤ AP 元素的概念及其作用
➤ 插入 AP 元素和使用 AP 元素的方法
➤ 行为的概念以及作用
➤ 添加、修改行为
➤ 将时间轴、AP 元素与行为的搭配使用
➤ 利用行为控制时间轴
➤ spry 页面局部动态设计

8.1　使用 AP 元素定位内容

Dreamweaver CS3 使用了 AP 元素的概念，AP 元素是指老版本中的层，其作用是能够将内容随意定位在页面的任何位置，是网页设计中一种特殊的页面布局操作。

8.1.1　关于 AP 元素

AP 元素是一种能够随意定位的页面元素，如同浮动在页面中的透明层，可以放置在页面的任何位置。由于 AP 元素中可以放置包含文本、图像或多媒体对象等其他内容，很多网页设计师都会使用 AP 元素定位一些特殊的网页内容。

在 Dreamweaver CS3 中，可以将 AP 元素按顺序叠放，也可将其隐藏或显示。利用 AP 元素这些特性可以制作出不同的特殊效果，例如先在一个 AP 元素中输入灰色的文本，然后在该 AP 元素的前面放置第二个 AP 元素，并在该 AP 元素输入红色的文本，如此即可制作有阴影效果的文本，如图 8-1 所示。

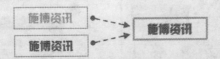

图 8-1　利用 AP 元素重叠制作文本阴影效果

虽然利用 AP 元素可以非常灵活地放置内容，但是使用老版本网页浏览器的访问者，可能会因为浏览器版本过低而导致无法正常浏览 AP 元素的内容（从 IE 4.0 开始，浏览器即可支持

AP 元素的显示）。

8.1.2 插入 AP 元素

在 Dreamweaver CS3 中，可以很方便的在页面中插入 AP 元素并作精确定位。另外，只需将插入点定位在 AP 元素内，即可如同在页面中添加内容一样，将各种不同的页面内容插入至 AP 元素内。下面将在页面中插入一个 AP 元素，并在 AP 元素内插入图像，以此学习 AP 元素的基本使用方法。

练习 8-1 如何在页面中插入 AP 元素并在 AP 元素内插入图像

1 打开配套光盘中的"\练习素材\Ch08\8-1-2.html"文档，然后将光标定位在整个页面表格外。

2 在菜单栏中选择【插入记录】|【布局对象】|【AP Div】命令，在页面中插入一个 AP 元素，如图 8-2 所示。

3 将光标定位在 AP 元素内，然后打开【插入】面板并选择【常用】选项卡，接着单击【图像：图像】按钮 ，如图 8-3 所示。

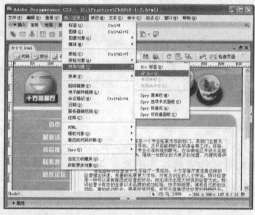

图 8-2　在页面中插入 AP 元素

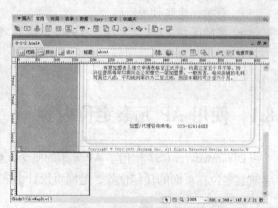

图 8-3　在 AP 元素内插入图像

4 弹出【选择图像源文件】对话框后，选择配套光盘中的"\练习素材\Ch08\images\join_ws.jpg"素材文档，然后单击【确定】按钮，如图 8-4 所示。

5 弹出【图像标签辅助功能属性】对话框后，设置替换文本为"合作愉快"，然后单击【确定】按钮，如图 8-5 所示。

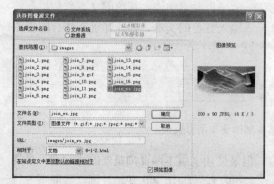

图 8-4　选择图像源文件

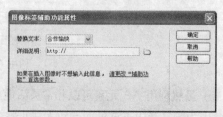

图 8-5　设置图片替换文本

6 选择 AP 元素，再按住右下角的控制点向上方拖动，以调整 AP 元素大小至适合图像大小的范围，如图 8-6 所示。

7 按住 AP 元素的边框，然后向右上拖动 AP 元素，将 AP 元素放置在页面右下方位置，如图 8-7 所示。

图 8-6　调整 AP 元素的大小

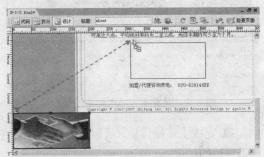
图 8-7　调整 AP 元素的位置

8 完成上述操作后，可以保存文档，并通过浏览器预览网页效果。

除了可以通过菜单插入 AP 元素外，还可以通过【插入】面板的【绘制 AP 元素】按钮，直接在页面中绘制任意大小的 AP 元素。只要先打开【插入】面板并选择【布局】选项卡，然后单击【绘制 AP 元素】按钮，在页面中拖动鼠标即可绘制出 AP 元素，如图 8-8 所示。

 若需要连续绘制多个 AP 元素，可以按住 Ctrl 键绘制 AP 元素，只要不松开 Ctrl 键，就可以继续绘制新的 AP 元素。

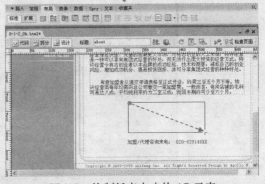
图 8-8　绘制任意大小的 AP 元素

8.1.3　设置 AP 元素属性

当插入 AP 元素后，可以打开【属性】面板查看其属性，并通过该面板设置 AP 元素的属性，包括 AP 元素编号、大小、位置、背景图像和颜色等。下面将通过【属性】面板为网页中用于放置图像的 AP 元素设置大小、位置以及溢出属性，制作可滚动浏览的图像效果。

练习 8-2　如何设置 AP 元素属性

1 打开配套光盘中的"\练习素材\Ch08\8-1-3.html"文档，单击网页上方的 AP 元素左上角图标将其选取，然后在【属性】面板中设置【宽】参数为 350px、【高】参数为 145px、在【溢出】栏中选择"scroll"选项，如图 8-9 所示。

 位置和大小的默认单位为像素（px），可以更改成 pc（pica）、pt（点）、in（英寸）、mm（毫米）、cm（厘米）或百分比等单位。单位的缩写必须紧跟在数值后，中间不能留有空格，例如 3mm 表示 3 毫米。

2 选择网页下方的 AP 元素，然后在【属性】面板中设置【左】参数为 240px、【上】参数为 524px、【宽】参数为 350px、【高】参数为 145px、在【溢出】栏中选择"scroll"选项，如图 8-10 所示，

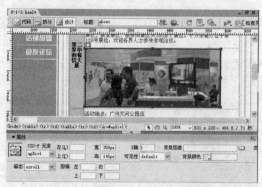

图 8-9　设置上方 AP 元素的属性　　　　　　图 8-10　设置上方 AP 元素的属性

3 完成上述操作后，可以保存文档，通过浏览器预览网页效果，如图 8-11 所示为设置 AP 元素属性的结果。

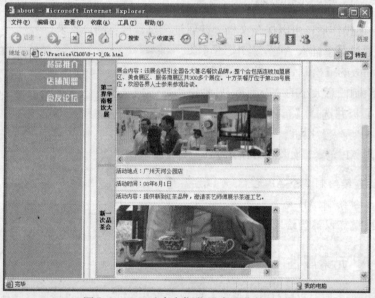

图 8-11　AP 元素在浏览器中预览的结果

关于 AP 元素属性项目的解析，详细说明如下：

- **AP 元素编号**：用于指定一个名称，以便在【AP 元素】面板和 JavaScript 代码中标识 AP 元素。
- **左/上**：指 AP 元素的左上角相对于页面左上角的位置。
- **宽/高**：指 AP 元素的宽度与高度。
- **Z 轴**：指定 AP 元素在 z 轴的顺序，即 AP 元素的堆叠顺序。
- **背景图像/背景颜色**：设置 AP 元素的背景图像或背景颜色。
- **不可见**：指定 AP 元素最初是否可见。其中"默认"不指定可见性属性；Inherit（继承）指使用该 AP 元素父级的可见性属性；visible（可见）指显示 AP 元素的内容；hidden（隐藏）指隐藏 AP 元素的内容。
- **溢出**：控制当 AP 元素的内容超过 AP 元素宽/高时如何在浏览器中显示。
- **剪辑**：用来定义 AP 元素的可见区域

8.1.4 显示与隐藏 AP 元素

在 Dreamweaver CS3 中，可以任意设置 AP 元素的显示与隐藏状态，用于制作一些特殊效果，例如通过行为来控制 AP 元素的隐藏/显示。下面以设置 AP 元素的隐藏状态为例，介绍通过【AP 元素】面板隐藏与显示 AP 元素的操作。

练习 8-3 如何通过 AP 元素面板隐藏 AP 元素

1 打开配套光盘中的"\练习素材\Ch08\8-1-4.html"文档，选择网页左上角的 AP 元素，然后在菜单栏选择【窗口】|【AP 元素】命令，或按下 F2 功能键打开如图 8-12 所示的【AP 元素】面板。

2 在【AP 元素】面板中使用鼠标在左边  栏单击选择"apDiv3"项目，待出现  图标时即隐藏了该 AP 元素，如图 8-13 所示。

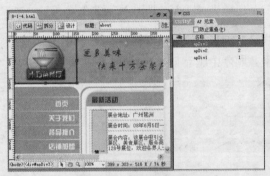

图 8-12 选择 AP 元素

图 8-13 隐藏 AP 元素

若需要显示被隐藏的 AP 元素，只需单击 AP 元素名称前的位置，直至出现 图标，或者没有图标出现即可。

8.1.5 设置 AP 元素重叠

当网页中的两个或两个以上 AP 元素位置相同或相似时将以重叠的方式放置，如此就产生了在竖直空间中的排列顺序，即 Z 轴顺序，亦称为堆叠顺序。利用 AP 元素的重叠，可以制作不同的效果。

练习 8-4 如何设置 AP 元素重叠

1 打开配套光盘中的"\练习素材\Ch08\8-1-5.html"文档，将光标定位在网页横幅位置的 AP 元素内，然后分两行（断行）输入文本"更多美味就在十方茶餐厅"，并通过【属性】面板设置其字体、大小与粗体，如图 8-14 所示。

2 根据步骤 1 相同的操作方法，在网页横幅下方的 AP 元素中输入内容相同的文本并设置相同的属性，再为文本选择颜色为淡灰色（#CCCCCC），效果如图 8-15 所示。

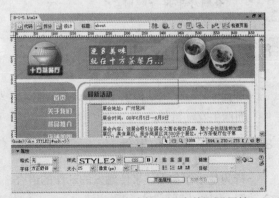

图 8-14 在 AP 元素中输入文本并设置属性

3 将网页横幅下方的 AP 元素移至横幅中 AP 元素的上方，注意两个 AP 元素不要处于相同位置，让它们稍微有一点位置差距，如图 8-16 所示。

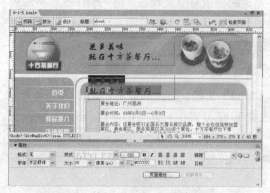

图 8-15　编辑另一 AP 元素中的文本

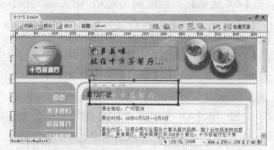

图 8-16　调图 AP 元素位置

4 选择重叠后处于上方的 AP 元素，在【属性】面板中设置【Z 轴】参数为 3，使所选的 AP 元素置于下方（数值越小，表示 AP 元素在堆叠顺序中越靠下方），如图 8-17 所示。

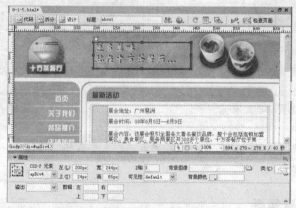

图 8-17　调整 AP 元素的 Z 轴顺序

5 经过上述操作后，具有阴影的文本效果即制作完成。

TIPS▶ 对于重叠的 AP 元素，直接使用鼠标选择比较困难，可以通过【AP 元素】面板选择 AP 元素。另外，Z 轴数值影响了 AP 元素的堆叠顺序，数值越大，表示 AP 元素在堆叠顺序中排得越前。

8.2　行为的应用

Dreamweaver CS3 提供了"行为"功能，可为网页中的内容添加"行为"并设置相应的"事件"而产生互动特效。

8.2.1　关于行为和事件

行为是事件和由该事件触发的动作的组合，简单来说：一个事件的发生，会对应地产生一个动作，例如为网页加入"弹出讯息"行为，并设置事件为"onLoad"，那么当网页打开时，就会弹出设置的讯息（"onLoad"事件触发的动作），这整个过程就是一个行为所产生的作用。

实际上，事件并非由 Dreamweaver CS3 软件所产生，而是浏览器生成的内容，它主要是指该页的浏览者执行了某种操作。例如当访问者将鼠标指针移动到某个链接上时，浏览器为该链接生成一个"onMouseOver（鼠标移至上方）"的事件，然后浏览器查看 Web 页是否存为该链接的事件设置响应的 JavaScript 代码，如果有则触发该代码，例如变化链接文本的颜色。

对于一般用户而言，如果通过编写 JavaScript 代码的方法制作页面效果，需要具有较高的程序编写能力，这会给网页设计带来障碍。为此，Dreamweaver CS3 将一些常用的 JavaScript 代码，以菜单命令的方式安排在【行为】面板上，只需经过选择、设置命令的简单操作，即可完成很多原来需要编写代码的页面效果。例如，交换图像效果、弹出信息效果、播放声音、显示与隐藏 AP 元素、状态栏信息等，如图 8-18 所示。即使是从来没有接触过 JavaScript 程序的初学者，也可以通过添加行为的简单操作制作出很炫的页面效果。

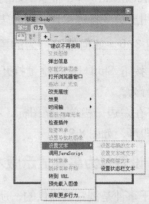

图 8-18　【行为】面板提供的行为命令

8.2.2　添加与删除行为

通过【行为】面板，可以将行为添加到页面或页面元素中（例如图像、AP 元素、文本），并对行为设置相关的参数。为网页添加行为时将遇到两种情况，分别是在不选择任何对象的情况下直接添加行为，以及先在网页中选择对象，再为所选对象添加行为。

在 Dreamweaver CS3 中，添加行为的操作主要通过【行为】面板来完成。

练习 8-5　如何添加与删除行为

1 在网页中选择对象（若直接为网页添加行为，则无需选择对象内容），再按下 Shift+F4 快捷键打开【行为】面板。

2 单击面板上方的【添加行为】按钮 ±，打开下拉选单选择所需的行为即可，如图 8-19 所示。

3 若是发现为网页或网页中的对象所添加的行为不适用，需要将行为删除，可以打开【行为】面板后，在面板中选择需要删除的行为项目后，单击【删除】按钮 − 即可，如图 8-20 所示。

图 8-19　添加行为

图 8-20　删除行为

8.2.3 修改行为的事件

通过【行为】面板为网页中的内容添加行为后，行为具有默认的事件，一般若是直接为整个网页添加行为，则默认的事件为"onLoad"，若是在网页中选择某个对象而添加的行为，其默认的事件则通常为"onClick"、"onBeforeUnload"等。根据实际的设计需求，这些默认的事件可能不适用于一些特殊设计，因此需要修改行为的事件。

练习 8-6　如何修改行为的事件

1 按下 Shift+F4 快捷键打开【行为】面板，选择需要修改事件的行为。

2 在左边一栏单击 ☑ 图标，打开下拉菜单并选择所需的事件项目即可，如图 8-21 所示。

图 8-21　修改行为事件

8.2.4 设置行为事件显示版本

由于事件是浏览器提供的，所以不同类型或不同版本的浏览器所提供的事件都不尽相同。通常版本比较低的浏览器，提供的事件相对比较少，若需要应用更多的事件，需要设置较高版本的浏览器事件菜单。Dreamweaver CS3 提供多种版本的浏览器事件，可以依照设计需要选择合适的浏览器事件。

练习 8-7　如何设置行为事件显示版本

1 按下 Shift+F4 快捷键打开【行为】面板，然后在【行为】面板中单击【添加行为】按钮 +。

2 从打开的菜单中选择【显示事件】选项，再展开子菜单，根据需要选择一种浏览器版本，例如【IE6.0】，如图 8-22 所示。

3 完成行为事件显示版本的设置后，可选择网页所添加的行为，展开其中的事件选单，可发现不同的版本的行为事件多寡有别，如图 8-23 所示。

图 8-22　设置行为事件显示版本

图 8-23　不同版本的行为事件

8.2.5 行为特效实例——显示状态栏文本

下面将为网页内容添加行为并设置事件，当浏览者的鼠标经过网页上的 Logo 图像时，在浏览器的状态栏将显示相关文本信息。

练习 8-8 如何制作显示状态栏文本

1 打开配套光盘中的 "\练习素材\Ch08\8-2-5.html" 文档，按下 Shift+F4 快捷键打开【行为】面板。

2 选择网页左上角的 Logo 图像，在【行为】面板中单击【添加行为】按钮，选择【设置文本】|【设置状态栏文本】命令，如图 8-24 所示。

3 打开【设置状态栏文本】对话框，在【消息】栏中输入文本，然后单击【确定】按钮，如图 8-25 所示。

图 8-24 添加"设置状态栏文本"行为

图 8-25 设置状态栏文本

4 在【行为】面板中修改行为事件为 "onMouseOver"，如图 8-26 所示，完成当鼠标经过 Logo 图像时，浏览器状态栏中显示所设置的文本信息，如图 8-27 所示。

图 8-26 设置行为事件

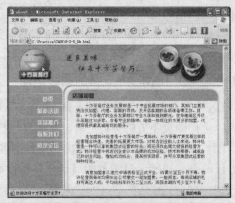

图 8-27 预览网页效果

8.3 时间轴、AP 元素与行为搭配使用

利用时间轴可以制作 AP 元素移动的效果，还可以搭配行为，让访问者任意控制时间轴的播放与停止。Dreamweaver CS3 还提供了【时间轴】面板，通过该面板，可以将 AP 元素添加到时间轴中，再通过设置不同时间段上 AP 元素的位置变化产生活动的网页内容。

选择【窗口】|【时间轴】命令，或是按下 Alt+F9 快捷键便可打开【时间轴】面板。如图 8-28 所示为【时间轴】面板。

【时间轴】面板项目说明如下：

● **时间轴菜单**：指定当前在【时间轴】面板中显示文档的时间轴。

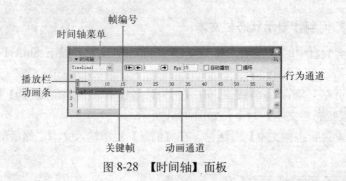

图 8-28 【时间轴】面板

● **播放栏**：显示当前在【文档】窗口中的时间轴帧数。
● **帧编号**：指示帧的序号。【后退】和【播放】按钮之间的数字是当前帧编号。Dreamweaver CS3 默认每秒钟播放 15 帧。
● **行为通道**：显示在时间轴中特定帧处执行行为的通道。
● **动画条**：显示每个对象动画的持续时间。一个行可以包含表示不同对象的多个动画条，但不同的动画条则无法控制同一帧中的同一对象。
● **关键帧**：指动画条中已经为对象指定属性的帧。
● **动画通道**：显示用于制作 AP 元素和图像动画的通道。

8.3.1　制作依线条路径运动的 AP 元素

　　AP 元素的直线运动是由 AP 元素在两个关键帧之间的运动，即两点成一线时将产生直线运动。如果为时间轴的动画条增加多个关键帧，将在不同关键帧上设置 AP 元素的不同的位置，则可以产生曲线运动。下面介绍将 AP 元素添加到时间轴，并延长时间轴项目的长度，然后添加关键帧，并调整不同关键帧上 AP 元素的位置，最终完成曲线运动的网页图片。

练习 8-9　如何制作 AP 元素的曲线运动

　　1 打开配套光盘中的"\练习素材\Ch08\8-3-1.html"文档，按下 Alt+F9 快捷键打开【时间轴】面板，选择网页下方的 AP 元素，然后将层拖入【时间轴】面板内，如图 8-29 所示。

　　2 此时，Dreamweaver CS3 弹出一个如图 8-30 所示的提示对话框，说明【时间轴】面板可以变更层的哪些属性，只需单击【确定】按钮即可。

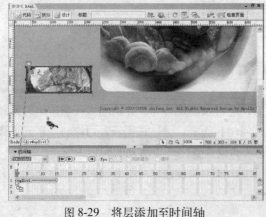

图 8-29　将层添加至时间轴

图 8-30　显示提示框

　　3 按住动画条的结束关键帧，拖至第 80 帧处，如图 8-31 所示。

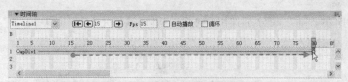

图 8-31 增加动画条的帧数

4 选择动画条，在第 20 帧处单击右键，并从弹出的菜单中选择"增加关键帧"命令，如图 8-32 所示。

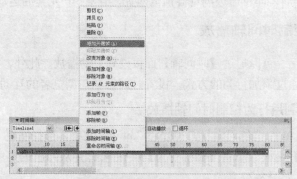

图 8-32 为动画条增加关键帧

5 依照步骤 4 的方法，分别在动画条第 40、60 帧处插入关键帧，如图 8-33 所示。

图 8-33 增加其他关键帧

6 选择【时间轴】面板上动画条中的第 20 帧，然后将 AP 元素拖至页面中央位置，如图 8-34 所示。

7 依照步骤 6 的方法，分别调整动画条中第 40 帧的 AP 元素位置为右下角，第 60 帧的 AP 元素位置为右上角，结果如图 8-35 所示。

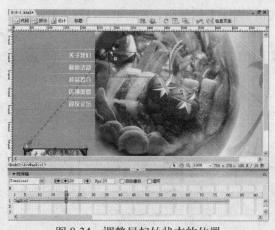

图 8-34 调整层起始状态的位置

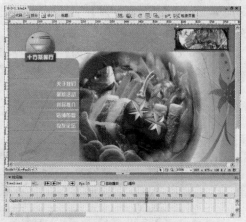

图 8-35 调整其他帧的 AP 元素位置的结果

8 调整层在起始与结束状态的位置后，选择【时间轴】面板的"自动播放"和"循环"复选框，如图 8-36 所示，随之将分别弹出提示框，单击【确定】按钮即可。

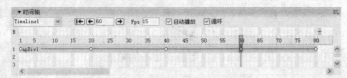

图 8-36　设置时间轴播放

❾ 完成上述操作后，即可通过浏览器预览网页，查看 AP 元素的运动效果。

8.3.2　利用行为控制时间轴播放

制作时间轴特效后，可以通过【时间轴】面板设置自动播放。此外，也可利用行为控制时间轴的播放。下面将通过添加行为的方式，设置时间轴在与浏览者的互动操作中播放或停止。

练习 8-10　如何利用行为控制时间轴播放

1 打开配套光盘中的 "\练习素材\Ch08\8-3-2.html" 文档，选择网页下方 AP 元素内的图像，然后打开【行为】面板，单击【添加行为】按钮 **+.**，并从弹出的菜单中选择【时间轴】|【播放时间轴】命令，如图 8-37 所示。

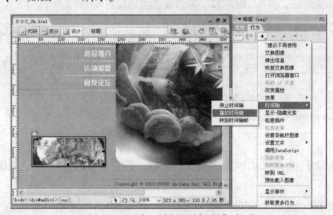

图 8-37　添加 "播放时间轴" 行为

2 弹出【播放时间轴】对话框后，选择【Timeline1】时间轴，然后单击【确定】按钮，如图 8-38 所示。

3 添加行为后，在【行为】面板中打开【事件】菜单，修改事件为 "onClick"（单击），如图 8-39 所示。

图 8-38　设置要播放的时间轴

图 8-39　修改行为的事件

4 维持选定图像的状态，在【行为】面板中再次单击【添加行为】按钮 **+.**，从弹出的菜

单中选择【时间轴】|【停止时间轴】命令，如图 8-40 所示。

5 弹出【停止时间轴】对话框后，选择 "Timeline1" 时间轴，然后单击【确定】按钮，如图 8-41 所示。

6 在【行为】面板中打开 "事件" 菜单，修改事件为【onMouseOver】，如图 8-42 所示。

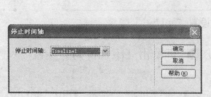

图 8-40　添加 "停止时间轴" 行为　　图 8-41　设置要停止的时间轴　　图 8-42　修改行为的事件

7 完成上述操作后，即可保存网页文档，然后通过浏览器预览效果。在预览过程中，当使用鼠标单击图像时，即可播放时间轴；当鼠标再次移到图像上，时间轴即停止播放。

8.3.3　利用行为控制 AP 元素显示/隐藏

除了通过【行为】面板设置 AP 元素的显示或隐藏外，还可以利用行为来控制 AP 元素的显示与隐藏，从而制作出通过网页中某个对象控制显示或隐藏另一对象内容的特效。下面将为 AP 元素添加隐藏和显示行为，使插入 AP 元素内的图像产生变换的效果。

练习 8-11　**如何利用行为控制 AP 元素显示和隐藏**

1 打开配套光盘中的 "\练习素材\Ch08\8-3-3.html" 文档，按下 F2 功能键打开【AP 元素】面板，先将 "apDiv1" 设置为隐藏状态，结果如图 8-43 所示。

2 选择网页左下方内容为 "特价惊喜套餐" 的图像，然后打开【行为】面板，单击【添加行为】按钮 **+,**，从弹出的菜单中选择 "显示-隐藏元素" 命令，如图 8-44 所示。

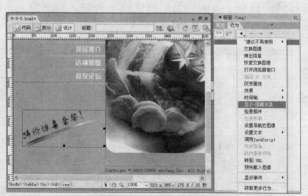

图 8-43　隐藏 "apDiv1" AP 元素　　　图 8-44　添加 "显示-隐藏元素" 行为

3 弹出【显示-隐藏元素】对话框后，选择【div "apDiv1"】选项，再单击【显示】按钮，然后单击【确定】按钮，如图 8-45 所示。

4 添加行为后，在【行为】面板中打开"事件"菜单，修改事件为【onMouseOver】，如图 8-46 所示。

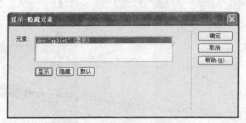

图 8-45　设置"apDiv1"隐藏　　　　图 8-46　修改行为的事件

5 维持选定图像的状态，再单击【添加行为】按钮 ，并从弹出的菜单中选择"显示-隐藏元素"命令。

6 弹出【显示-隐藏元素】对话框后，选择【div"apDiv1"】选项，再单击【隐藏】按钮，然后单击【确定】按钮，如图 8-47 所示。

7 在【行为】面板中打开新添加行为的"事件"菜单，修改事件为【onMouseOut】，如图 8-48 所示。

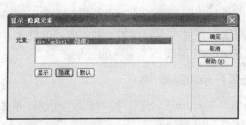

图 8-47　设置"apDiv1"显示　　　　图 8-48　修改行为的事件

8 完成上述操作后，即可保存网页文档，然后通过浏览器预览效果。在预览过程中，当鼠标移到网页左下方内容为"特价惊喜套餐"的图像上，网页下方将显示广告图；当鼠标移开后则广告图自动隐藏，如图 8-49 所示。

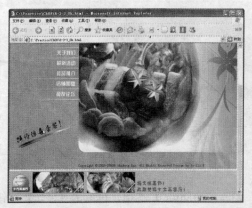

图 8-49　显示-隐藏 AP 元素行为的效果

8.4 Spry 页面局部动态设计

Spry 是 Dreamweaver CS3 中新增的一项网页动态设计功能，主要用于为网页添加具备互动效应的页面元素，包括"Spry 数据"、"Spry 窗口组件"、"Spry 框架"和"Spry 效果"四种分类，其中，使用"Spry 框架"功能可在网页中制作页面局部动态区域，包括"Spry 菜单"、"Spry 选项卡式面板"、"Spry 折叠式"和"Spry 可折叠面板"四种，下面将介绍"Spry 菜单"和"Spry 选项卡式面板" 两种比较有代表性的 Spry 页面局部动态设计。

8.4.1 制作 Spry 菜单

Dreamweaver CS3 虽然提供了"导航条"功能用于制作一组互动的导航按钮，但该功能只能制作单级导航按钮项目，当需要为网页一次制作一组多级导航按钮时，则可使用"Spry 菜单"来实现。为网页的指定位置添加"Spry 菜单"后，将在页面上产生类似导航条的按钮元件，并且当第一级菜单项目拥有下一级菜单项目时，将会在浏览者的控制下弹出下一级菜单项目，使浏览者快速的跳转链接到网站中某一层级的页面。

练习 8-12 如何制作 Spry 菜单

1 打开配套光盘中的"\练习素材\Ch08\8-4-1.html"文档，定位光标在网页左边的空白单元格内，在"Spry"分类的【插入】面板中单击【Spry 菜单栏】 按钮，如图 8-50 所示。

2 打开【Spry 菜单栏】对话框，选择【垂直】选项，然后单击【确定】按钮，如图 8-51 所示。

3 插入 Spry 菜单栏后，在【属性】面板的第一个项目栏中上方单击【添加菜单项】图示**+**，添加菜单项目，如图 8-52 所示。

图 8-50 插入"Spry 菜单栏"

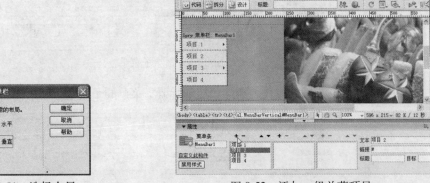

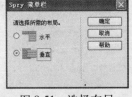

图 8-51 选择布局

图 8-52 添加一级单菜项目

4 在网页中单击 "Spry 菜单栏：MenuBar1"选取整个对象，选择其中的"项目 1"文本，然后输入修改为"关于我们"文本，如图 8-53 所示。

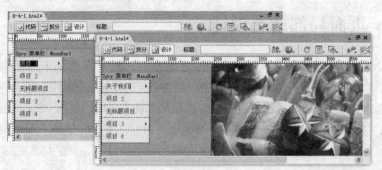

图 8-53　编辑菜单项目

 通过 Dreamweaver CS3 为网页所插入的 Spry 元素主要由 AP 元素和 CSS 样式所组成，特别是其中的内容和外观样式都由 CSS 控制，因此当修改其中的文本资料时，一般先选取，再直接输入其他内容，以"替代"的方式修改 Spry 元素中的文本资料。

5 根据步骤 4 相同操作，再修改其他菜单项目文本，从上到下依次为"最新活动"、"餐品推介"、"店铺加盟"和"食友论坛"，结果如图 8-54 所示。

图 8-54　编辑其他菜单项目

6 在【属性】栏中的第一个项目栏中选择"关于我们"项目，在第二个项目栏中依次选择各项，然后单击上方的"删除菜单项"图示 **—**，如图 8-55 所示，将"关于我们"菜单的子菜单全部删除。

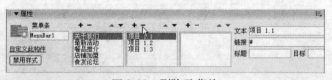

图 8-55　删除子菜单

7 根据步骤 6 相同的操作，删除"店铺加盟"菜单的子菜单，结果如图 8-56 所示。

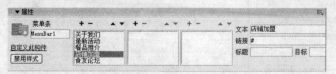

图 8-56　删除另一子菜单

8 在第一个项目栏中选择"餐品推介"项目，然后在第二个项目栏上方单击五次【添加菜单项】图示 **+**，如图 8-57 所示，为所选菜单项目添加五个子菜单项目。

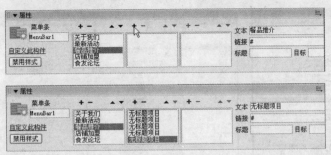

图 8-57 添加子菜单

9 在【属性】面板中保持选择"餐品推介"菜单项目，然后根据步骤 4 相同的操作方法，依次修改其子菜单项目依次为"茶饮"、"点心"、"套餐"、"汤面"和"小吃"，结果如图 8-58 所示。

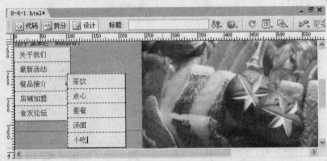

图 8-58 修改子单菜项目

10 按下 Shift+F11 快捷键打开【CSS 样式】面板，在面板中展开"Spry MenuBarVertical.css"样式表，再选择其中的"ul.MenuBarVertical"样式项目，然后在面板下方单击【编辑样式表】按钮，如图 8-59 所示。

11 打开样式表编辑对话框，默认显示【边框】分类设置，在【颜色】栏修改所有边框颜色为黄色"#FFFF00"，然后单击【确定】按钮，如图 8-59 所示。

图 8-59 编辑"ul.MenuBarVertical"CSS 样式

12 返回【CSS 样式】面板，选择"ul.MenuBarVertical a"样式项目，然后在面板下方单击【编辑样式表】按钮，打开样式表编辑对话框，默认显示【背景】分类设置，在【背景颜色】栏修改颜色为桔红色"#FF9900"，如图 8-60 所示。

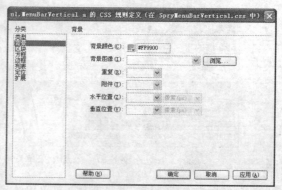

图 8-60 编辑 "ul.MenuBarVertical a" CSS 样式的背景

13 在【CSS 样式】面板左边选择【类型】分类，分别设置【字体】为"汉仪菱心体简"，【大小】为 16px，【颜色】为白色"#FFFFFF"，然后单击【确定】按钮，如图 8-61 如示。

14 返回 Dreamweaver CS3 编辑区，再次选取整个 Spry 对象，在【属性】面板中选择第一项目栏中的"关于我们"项目，然后在【链接】栏中设置超链接为"about.html"文档，如图 8-62 所示。

图 8-61 编辑 "ul.MenuBarVertical a"
CSS 样式的类型

15 根据步骤 14 相同的操作方法，依次设置为其他菜单项目设置超链接，最终完成本例"Spry 菜单栏"的制作。

16 完成"Spry 菜单栏"的制作后保存网页为结果文档，然后按下 F12 功能键，预览网页的 Spry 菜单栏效果，如图 8-63 所示。

图 8-62 设置菜单项目超链接

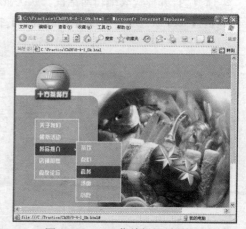

图 8-63 Spry 菜单栏设计效果

8.4.2 制作 Spry 选项卡面板

当需要在网页的某个篇幅较小的区域中呈现多种不同主题的资料时，可使用"Spry 选项卡式面板"来实现，为网页添加"Spry 选项卡式面板"后，将产生如同一般所见的选项卡区域，浏览者可通过切换不同的选项卡而了解丰富的网页信息，即实现在较小区域内表达丰富信息，同时也使网页呈现精彩的动态特效。

练习 8–13　如何制作 Spry 选项卡面板

1 打开配套光盘中的"\练习素材\Ch08\8-4-2.html"文档，定位光标在网页右边的空白单元格内，在【Spry】分类的【插入】面板中单击【Spry 选项卡式面板】按钮，如图 8-64 所示。

2 插入【Spry 选项卡式面板】对象后，在【属性】面板中的【面板】设置栏上方三次单击【添加面板】图示，如图 8-65 所示，新增三个面板项目。

图 8-64　插入"Spry 选项卡式面板"

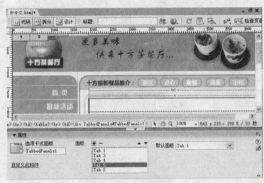
图 8-65　添加面板

3 在网页中选择"Spry 选项卡式面板"中的第一个标签文本，然后输入修改为"茶饮"文本，如图 8-66 所示。

4 根据步骤 3 相同的操作，依次修改其他标签文本为"点心"、"套餐"、"汤面"和"小吃"，结果如图 8-66 所示。

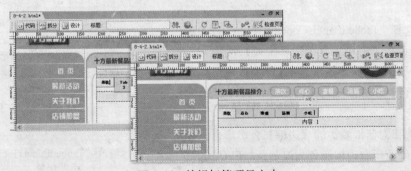
图 8-66　编辑标签项目文本

5 按下 Shift+F11 快捷键打开【CSS 样式】面板，在面板中展开"SpryTabbedPanels.css"样式表，再选择其中的"TabbedPanelsTab"样式项目，然后在面板下方单击【编辑样式表】按钮，如图 8-67 左所示。

6 打开样式表编辑对话框，默认显示【类型】分类设置，分别设置【字体】为"黑体"，【大小】为 16px，【粗细】为"粗体"，【颜色】为黑色"#000000"，如图 8-67 右所示。

7 选择对话框右边的【背景】分类项目，在【背景颜色】栏修改颜色为桔红色"#FF8C00"，如图 8-68 所示。

8 选择对话框右边的【边框】分类项目，在【颜色】区中修改所有边框颜色为深黄色"#FFCC00"，然后单击【确定】按钮，如图 8-69 所示。

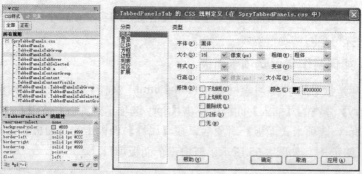

图 8-67 编辑 "TabbedPanelsTab" CSS 样式的分类

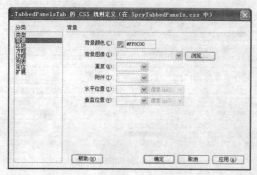

图 8-68 编辑 "TabbedPanelsTab" CSS 样式的背景

图 8-69 编辑 "TabbedPanelsTab" 样式边框

9 返回 "CSS 样式" 面板, 选择 "TabbedPanels TabSelected" 样式项目, 然后直接在下方修改 "background-color" 属性为白色 "#FFFFFF", 如图 8-70 所示。

10 选择 "TabbedPanelsContentGroup" 样式项目, 然后在面板下方单击【编辑样式表】按钮 , 打开样式表编辑对话框, 默认显示【背景】分类设置, 在【背景颜色】栏修改颜色为白色 "#FFFFFF", 如图 8-71 所示。

11 选择对话框右边的【边框】分类项目, 在【颜色】区中修改所有边框颜色为深黄色 "#FFCC00", 然后单击【确定】按钮, 如图 8-72 所示。

图 8-70 修改 "TabbedPanelsTabSelected" 样式背景

图 8-71 编辑 "TabbedPanelsContentGroup" CSS 样式的背景

12 打开配套光盘中的 "\练习素材\Ch08\8-4-2t.html" 文档，选择 "茶饮" 文本下方的表格，按下 Ctrl+C 快捷键，复制整个表格内容，如图 8-73 左所示。

13 在【文档】工具栏上方选择 "8-4-2.html" 标签切换至该网页，在【茶饮】选项卡项目中选择 "内容 1" 文本，按下 Ctrl+V 快捷键，将复制的表格内容粘贴至此处，如图 8-73 右所示。

图 8-72　编辑 "TabbedPanelsContentGroup" CSS 样式的边框

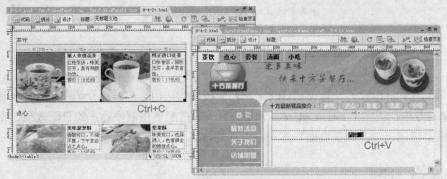

图 8-73　复制粘贴表格资料

14 在【文档】工具栏上方选择切换至 "8-4-2t.html" 网页，再选择 "点心" 文本下方的表格，按下 Ctrl+C 快捷键，复制整个表格内容。

15 再切换至 "8-4-2.html" 网页，在 "Spry 选项卡式面板" 对象上选择【点心】标签，待显示 图示后单击该图示切换至该标签编辑模式，然后再选择其中的 "内容 3" 文本，按下 Ctrl+V 快捷键，将复制的表格内容粘贴至此处，如图 8-74 所示。

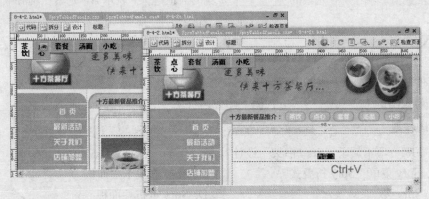

图 8-74　复制粘贴另一表格资料

16 根据步骤 15 相同的操作方法，将 "8-4-2t.html" 网页中 "套餐"、"汤面" 和 "小吃" 下的表格资料复制粘贴至 "8-4-2.html" 网页的 "套餐"、"汤面" 和 "小吃" 标签选项卡内，从而完成本例 "Spry 选项卡式面板" 的制作。

17 完成 "Spry 选项卡式面板" 的制作后保存网页为成果文档，然后按下 F12 功能键，预览网页的 Spry 选项卡式面板效果，如图 8-75 所示。

图 8-75　Spry 选项卡式面板设计效果

8.5　本章小结

本章介绍了 AP 元素、行为和【时间轴】面板的的应用，同时还介绍使用时间轴制作 AP 元素运动的方法，以及结合时间轴、AP 元素与行为的搭配使用制作动态的页面效果，最后再介绍 Spry 框架应用，学习网页页面局部动态设计的技巧。

8.6　本章习题

一、填充题

1. 配合按下____键，便可在网页中_____拖动绘制_____AP 元素。

2. AP 元素是一种能够_____的页面元素，即是说 AP 元素可以_____在页面，用户可以将 AP 元素放置在页面的任何位置。

3. Z 轴数值影响了 AP 元素的_____，Z 轴的数值越大，表示 AP 元素在堆叠顺序中排得_____。

4. 行为是_____和由该_____触发的_____的组合，简单来说：一个_____的发生，会对应地产生一个_____。

5. 事件是_____生成的内容，表示该页的访问者_____。

6. 行为代码是_____代码，即它运行于_____中，而不是_____上。

二、选择题

1. 以下哪一项不属于"Spry 框架"设计？　　　　　　　　　　　　　　　　　　（　　）

　　A. Spry 菜单、Spry 折叠式　　　　　　　　B. Spry 选项卡式面板

　　C. Spry 表　　　　　　　　　　　　　　　　D. Spry 可折叠面板

2. 从哪个浏览器版本开始，浏览器即可支持 AP 元素的显示？　　　　　　　　（　　）

　　A. IE 3.0　　　　　　B. IE 4.0　　　　　　C. IE 5.0　　　　　　D. IE 6.0

3. 按住哪个键绘制 AP 元素，可以实现连续绘制 AP 元素的目的？　　　　　　（　　）

　　A. Shift　　　　　　B. Alt　　　　　　　C. Ctrl　　　　　　　D. End

4. 在同一页面中，有 a、b、c、d 四个 AP 元素的 Z 轴数值分别是 1、3、4、2，请问哪个 AP 元素处于最顶 AP 元素？　　　　　　　　　　　　　　　　　　　　　　　　（　　）

A. a　　　　　　　　B. b　　　　　　　　C. c　　　　　　　　D. d

5. 行为由以下哪一项组成?　　　　　　　　　　　　　　　　　　　　　　　(　　)

　　A. 事件与代码　　　B. 代码与动作　　　C. 事件与动作　　　D. 属性与事件

三、练习题

练习内容: 利用 AP 元素制作动态页面效果

练习说明: 先打开配套光盘中 "\练习素材\Ch08\8-6.html" 文档, 然后在页面右下方绘制一个 AP 元素, 并在 AP 元素内插入配套光盘中的 "\练习素材\Ch08\images\logo.gif" 素材图像, 再将 AP 元素添加至时间轴, 并制作 AP 元素从页面右下角移动至左上角的循环运动效果, 接着为网页添加内容为 "更多美味, 就在十方茶餐厅!" 的弹出信息行为, 最终的效果如图 8-76 所示。

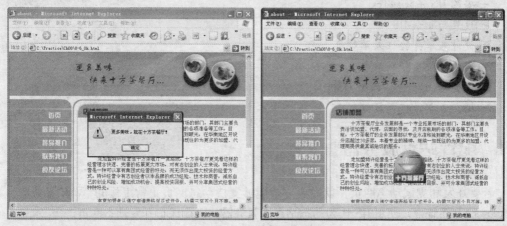

图 8-76　最终的效果图

操作提示:

1. 打开【插入】面板并选择 "布局" 选项卡, 然后单击【绘制 AP 元素】按钮, 在网页右下方拖动绘制 AP 元素。

2. 选取新绘制的 AP 元素, 在【属性】面板中设置【宽】参数为 100px、【高】参数 95px。

3. 将光标定位在 AP 元素内, 然后打开【插入】面板并选择 "常用" 选项卡, 接着单击【图像: 图像】按钮, 弹出【选择图像源文件】对话框后, 选择配套光盘中的 "\练习素材\Ch08\images\logo.gif" 素材图像, 然后单击【确定】按钮。

4. 按下 Alt+F9 快捷键打开【时间轴】面板, 选择网页下方的 AP 元素, 然后将层拖入【时间轴】面板, 弹出一个提示对话框后, 直接单击【确定】按钮。

5. 选择【时间轴】面板上的结束关键帧, 然后将其拖至第 50 帧, 再将 AP 元素拖至页面左上位置。

6. 最后选择【时间轴】面板的【自动播放】和【循环】复选框, 并在随之弹出的两个提示框中单击【确定】按钮。

7. 按下 Shift+F4 快捷键打开【行为】面板, 在不选择任何对象的情况下, 单击【行为】面板的【添加行为】按钮, 并选择 "弹出信息" 命令。

8. 弹出【弹出信息】对话框后, 在 "信息" 文字区域输入文本内容 "更多美味, 就在十方茶餐厅!", 然后单击【确定】按钮。

9. 添加行为后, 将事件修改为 "onLoad", 使网页在打开时即弹出信息。

第 9 章　动态网页的开发

教学目标

掌握使用 Dreamweaver CS3 开发动态网页的基础和必备的方法。

教学重点与难点

> ➢ 安装 IIS 系统组件
> ➢ 设置与测试 IIS
> ➢ 设计表单并验证表单对象
> ➢ 创建数据库和数据表
> ➢ 设置 ODBC 数据源和 DSN
> ➢ 提交表单数据至数据库

9.1　配置站点服务器

若要开发和测试动态网页，就需要一个能够支持动态网页正常工作的 Web 服务器。在 Windows XP 系统中，使用 IIS 作为动态站点的服务器，以测试与开发动态网页。

　　IIS 是 Internet Information Server（互联网信息服务）的英文缩写，它由 Microsoft 开发，是一个允许在公共 Intranet 或 Internet 上发布信息的 Web 服务器平台，它包括了 Web 服务器、FTP 服务器、NNTP 服务器和 SMTP 服务器，分别用于网页浏览、文件传输、新闻服务和邮件发送等方面。

9.1.1　安装 IIS 系统组件

IIS 组件虽然是 Windows XP 和 Windows 2000 操作系统内置的组件，但默认在安装系统时并未安装此组件。所以要在本地使用 IIS 服务器开发和测试动态网页，就需要先安装 IIS 组件。下面以在 Windows XP 安装 IIS 组件为例，说明该组件的安装方法。

　　如果是 Windows 2000 或 Windows XP Professional 用户，先检查系统上是否安装并运行了 IIS。方法是查找 "C:\Inetpub" 文件夹，如果该文件夹不存在，则系统上可能没有安装 IIS，反之就说明系统已经安装或曾安装过 IIS。

练习 9-1　如何在 Windows XP 系统中安装 IIS 组件

1 打开【控制面板】窗口，单击左边窗格中的"切换到经典视图"标题，将控制面板切换到经典视图模式，如图 9-1 所示。

2 切换视图后，双击【添加或删除程序】图标，如图 9-2 所示。打开【添加或删除程序】对话框后，单击【添加/删除 Windows 组件】按钮，如图 9-3 所示。

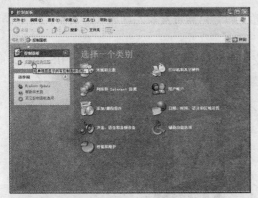

图 9-1 将控制面板切换到经典视图模式

图 9-2 添加或删除程序

3 打开【Windows 组件向导】对话框后，在【组件】列表框选择【Internet 信息服务 (IIS)】复选框，然后单击【详细信息】按钮，如图 9-4 所示。

图 9-3 添加或删除 Windows 组件

图 9-4 选择 Internet 信息服务 (IIS)

4 打开【Internet 信息服务 (IIS)】对话框后，选择需要安装的 IIS 服务子组件，然后单击【确定】按钮，如图 9-5 所示。

如果只通过 IIS 服务器提供动态网页测试与开发环境，可只选择 "Internet 信息服务管理单元、公用文件、万维网服务" 这些基本 IIS 子组件即可。IIS 的子组件并不需要占用大量空间，所以安装所有子组件亦可。

5 此时返回【Windows 组件向导】对话框，然后单击【下一步】按钮，安装 IIS 组件，如图 9-6 所示。

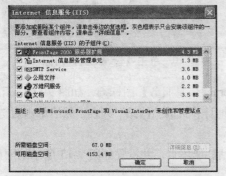

图 9-5 选择需要安装的 IIS 子组件

图 9-6 开始安装 IIS 组件

6 当安装过程需要提供 Windows XP 安装光盘时，只需将安装光盘放入驱动器，然后单击【确定】按钮即可，如图 9-7 所示。

7 当显示【完成"Windows 组件向导"】安装画面后，即表示已经成功安装 IIS 组件，此时单击【完成】按钮结束安装，如图 9-8 所示。

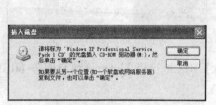

图 9-7 放入 Windows XP 安装光盘

图 9-8 成功安装 IIS 组件

9.1.2 设置 IIS 属性

安装 IIS 组件只是满足动态站点正常运行的环境条件，为了方便以后在 IIS 服务器中测试与开发动态网页，需要设置 IIS 属性，以配置最佳的动态网页服务器环境。

练习 9-2 如何配置 IIS 网站属性

1 单击电脑桌面任务栏的【开始】按钮，然后从弹出的菜单中选择【控制面板】命令。

2 打开【控制面板】文件夹窗口后，单击【性能和维护】图标，如图 9-9 所示。

3 打开【性能和维护】文件夹窗口后，单击【管理工具】图标，如图 9-10 所示。

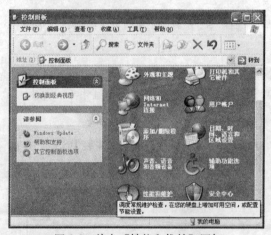

图 9-9 单击【性能和维护】图标

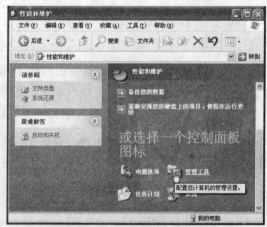

图 9-10 单击【管理工具】图标

4 打开【管理工具】文件夹窗口后，双击【Internet 信息服务】图标，如图 9-11 所示。

5 弹出【Internet 信息服务】对话框后，打开本地计算机的"网站"列表，然后单击右键，从弹出的菜单中选择【属性】命令，如图 9-12 所示。

6 弹出【默认网站属性】对话框后，选择【网站】选项卡，并设置如图 9-13 所示的网站属性。

图 9-11　双击【Internet 信息服务】图标

图 9-12　打开【默认网站属性】对话框

7 此时选择【主目录】选项卡，然后设置网站在本地的路径（一般使用默认设置即可），并设置其他属性，如图 9-14 所示。

图 9-13　设置网站属性

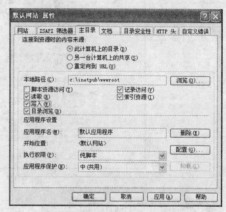

图 9-14　设置网站主目录属性

8 选择【文档】选项卡，然后单击【添加】按钮，并在弹出的【添加默认文档】对话框中设置默认文档名 "index.asp"，然后单击【确定】按钮，如图 9-15 所示。

9 返回【默认网站属性】对话框后，单击【确定】按钮应用所有设置。此时会弹出【继承覆盖】对话框，单击【全选】按钮选择所有子节点，最后单击【确定】按钮即可，如图 9-16 所示。

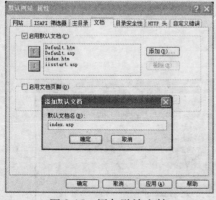

图 9-15　添加默认文档

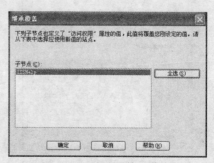

图 9-16　继承覆盖子节点

10 完成上述操作后，网站属性的设置即作用于所有在 IIS 服务器环境下的动态网站。

9.1.3 测试 IIS 与共享站点

安装 IIS 服务器后，可以通过 IE 浏览器测试默认网站是否能够正常运行，只需打开浏览器，然后通过 IE 浏览器测试 IIS 服务器内的网页是否能够正常打开即可。另外，如果要将网站置于 IIS 服务器内，可以将网站所在的文件夹共享为 IIS 站点。

练习 9-3 如何测试 IIS 与共享站点

1 安装 IIS 服务器后，打开 IE 浏览器并在网址栏输入"http://localhost/localstart.asp"网址，然后按下 Enter 键打开。如果浏览器显示如图 9-17 所示的页面，即表示 IIS 服务器正常运作。

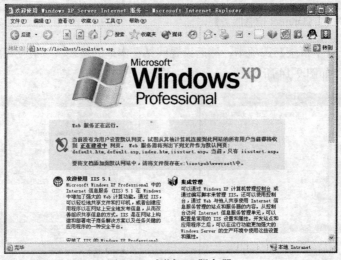

图 9-17 测试 IIS 服务器

2 在需要共享成 IIS 服务器站点的文件夹上单击右键（本例将配套光盘中的\练习素材\Ch09\9-1 文件夹共享成 IIS 网站），然后从弹出的菜单中选择【共享和安全】命令。

3 打开【属性】对话框后，选择【Web 共享】选项卡，再选择【共享文件夹】单选项，如图 9-18 所示。

4 打开【编辑别名】对话框后，设置网站别名和访问权限，最后单击【确定】按钮，如图 9-19 所示。

图 9-18 共享文件夹

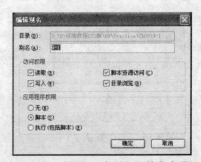

图 9-19 设置网站别名和访问权限

安装 IIS 组件后，默认的本地 IIS 网站文件夹位置是"C:\inetpub\wwwroot"，就是说该文件夹内的所有本地站点都可以在 IIS 服务器环境中运行。为了要在 IIS 服务器环境中测试与开发动态站点，一般会将本地站点的文件夹复制到"C:\inetpub\wwwroot"目录内。也可将本地站点根文件夹共享成 IIS 站点，即将该文件夹作为默认网站下的一个站点，避免移动本地文件夹位置，而同样可以在 IIS 服务器环境下运行。

5 文件夹共享成 IIS 网站后，还需要进行简单的测试。首先打开【控制面板】窗口，然后双击【管理工具】图标打开【管理工具】窗口，接着双击【Internet 信息服务】图标打开【Internet 信息服务】对话框，如图 9-20 所示。

6 此时打开【默认网站】项目并选择"9-1"网站，接下来选择网站内的任一网页，并打开右键快捷菜单，选择【浏览】命令，浏览网页，如图 9-21 所示。如果该网页能够正常浏览，这就证明了共享 IIS 网站成功了，如图 9-22 所示。

图 9-20　打开【Internet 信息服务】对话框

图 9-21　浏览网页

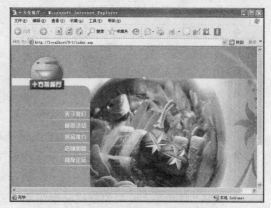

图 9-22　网页可以正常浏览

 如果 IIS 组件内已经有相同名称的站点，则需要使用其他名称，即 IIS 组件内不可以存在相同名称的站点。

9.2　设计表单并提交表单数据

表单是一种以窗体的形式，为站点与浏览者进行信息传递、互动交流的工具。通过表单，浏览者可以在表单对象中输入或选择相关的信息，然后提交到站点服务器的数据库，而服务器脚本或应用程序对这些信息进行处理，最后服务器回应请求，将信息发送回用户或客户端页面，从而达到人站交流的目的。

在人站交流的过程中，浏览者需要通过表单来提交信息，而站点则需要数据库来保存信息。因此，在设计表单后，还需要为表单创建对应的数据库，并为表单与数据库之间建立关联，以便可以让表单的数据提交到数据库内。

9.2.1 设计表单网页

表单只是一个引用与提交信息的主体，而提供浏览者输入或选择信息的功能，需要不同的表单对象来完成。Dreamweaver CS3 提供了多种表单对象，大致可分为文本对象、选择对象、菜单对象、按钮对象，以及标签和字段集对象，这些对象都可以通过【插入】面板的"表单"选项卡使用，如图 9-23 所示。

图 9-23　Dreamweaver CS3 提供的表单对象

常用表单对象说明：

- **表单**：用于创建包含文本域、密码域、单选按钮、复选框、跳转菜单、按钮以及其他表单对象的范围。
- **文本字段**：可以接受任何类型的字母、数字、文本内容，亦可设置为设置密码之用（在这种情况下，输入文本将被替换为星号或项目符号，以避免旁观者看到这些文本）。
- **隐藏域**：存储用户输入的信息，如姓名、电子邮件地址或偏爱的查看方式，并在该用户下次访问此站点时使用这些数据。
- **文本区域**：当浏览者需要输入较多文本时，即可使用此表单对象。
- **复选框**：允许在一组选项中选择多个选项，可以将此对象应用在需要选择任意多个适用选项的表单功能设置上，例如让浏览者选择多种爱好、专长等。
- **单选按钮**：当在一组选项中只需要选择单一选项时，可以使用此表单对象。它可以在浏览者选择某个单选按钮组（由两个或多个共享同一名称的按钮组成）的其中一个选项时，就会取消选择该组中的所有其他选项。
- **单选按钮组**：此对象将多个单选按钮按一定顺序排列一起构成一组，功能和单选按钮相同。
- **列表/菜单**：此对象提供一个滚动列表，浏览者可以从该列表中选择项值。当设置为"列表"时，浏览者只需在列表中选择一个项值；当设置为"菜单"时，浏览者则可以选择多个项值。
- **跳转菜单**：此对象可导航列表或弹出菜单，当浏览者选择菜单中的项值时，即会跳转到该项链接的某个文档或文件中。
- **图像域**：此对象可以在表单中插入一个图像，常用于制作图形化按钮。如果使用图像来执行任务而不是提交数据，则需要将某种行为附加到表单对象。
- **文件域**：此对象可以浏览到计算机上的某个文件，并将该文件作为表单数据上传。
- **按钮**：此对象包含"提交表单"与"重设表单"两种动作类型，"提交表单"动作就是将表单数据提交到服务器或其他用户指定的目标位置；"重设表单"动作就是清除当前表单中已填写的数据，并将表单回复到初始状态。
- **标签**：在网页中插入<label></label>标签。
- **字段集**：提供一个区域放置表单对象。
- **Spry 验证文本域**：此对象是一个文本域，该域用于在站点访问者输入文本时显示文本的状态（有效或无效）。例如，可以向访问者键入电子邮件地址的表单中添加验证文本域构件。如果访问者无法在电子邮件地址中键入"@"符号和句点，验证文本域构件会返回一条消息，提示访问者输入的信息无效。

- **Spry 验证文本区域**：此对象是一个文本区域，该区域在访问者输入几个文本句子时显示文本的状态（有效或无效）。如果文本区域是必填域，而访问者没有输入任何文本，该构件将返回一条消息，提示必须输入值。
- **Spry 验证复选框**：此对象是表单中的一个或一组复选框，该复选框在访问者选择（或没有选择）复选框时会显示构件的状态（有效或无效）。例如，可以向表单中添加验证复选框构件，该表单可能会要求访问者进行三项选择。如果访问者没有进行所有这三项选择，该对象会返回一条消息，提示不符合最小选择数要求。
- **Spry 验证选择**：此对象是一个下拉菜单，该菜单在访问者进行选择时会显示构件的状态（有效或无效）。例如，可以插入一个包含状态列表的验证选择构件，这些状态按不同的部分组合并用水平线分隔。如果访问者意外选择了某条分界线（而不是某个状态），验证选择构件会向访问者返回一条消息，提示选择无效。

下面将以一个加入会员的应用为例（结果如图 9-24 所示），说明制作表单网页的方法。

 TIPS▶　在制作表单网页前，将配套光盘中的"\练习素材\Ch09\9-2-1"文件夹定义成本地站点，如图 9-25 所示。

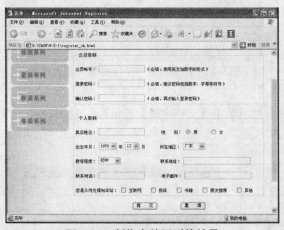

图 9-24　制作表单网页的效果

图 9-25　将练习素材所在的文件夹定位为本地站点

练习 9-4　如何制作表单网页

1 先打开配套光盘中的"\练习素材\Ch09\9-2-1\register.html"练习文件，然后将光标定位在表格内，并切换到【表单】选项卡，再单击【表单】按钮，在表格内插入表单，如图 9-26 左所示。

2 插入表单后，将光标定位在表单内，然后单击【字段集】按钮，并在打开的【字段集】对话框中输入标签，最后单击【确定】按钮，如图 9-26 右所示。

3 插入字段集后，在字段集内分别输入会员资料的项目文字，并设置"会员资料"标题为粗体，结果如图 9-27 所示。

4 再次插入一个字段集对象，并设置标签为"个人资料"，然后在该字段集内输入项目内容，结果如图 9-28 所示。

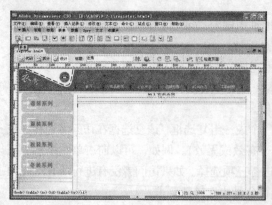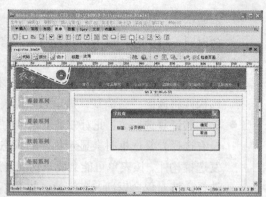

图 9-26　插入表单和字段集

图 9-27　添加"会员资料"的内容　　　　图 9-28　添加另外一个字段集并输入内容

5 将光标定位在"会员帐号："文字右边，然后单击【文本字段】按钮□，接着在打开的对话框中单击【取消】按钮，如图 9-29 所示。

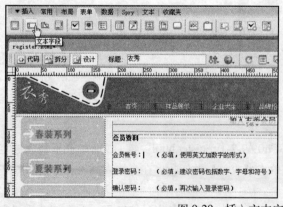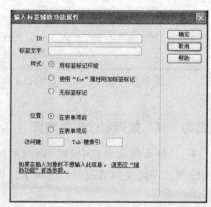

图 9-29　插入文本字段对象

6 选择插入的文本字段对象，然后在【属性】面板中设置 ID 为【id】、字符宽度为 20、类型为【单行】、类为【STYLE6】，如图 9-30 所示。

7 分别在表单部分项目中插入文本字段对象，并设置文本字段的属性。其中各个文本字段的属性设置如表 9-1 所示。插入文本字段后的结果如图 9-31 所示。

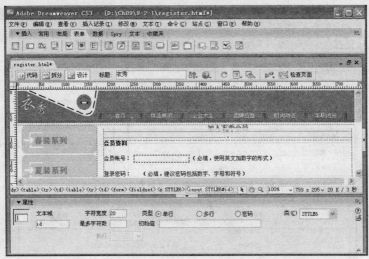

图 9-30　设置文本字段的属性

表 9-1　文本字段的属性

项目	ID	字符宽度	类型	类
登录密码	pw	20	密码	STYLE6
确认密码	re_pw	20	密码	STYLE6
真实姓名	name	20	单行	STYLE6
联系电话	tel	20	单行	STYLE6
联系地址	address	30	单行	STYLE6
电子邮件	email	30	单行	STYLE6

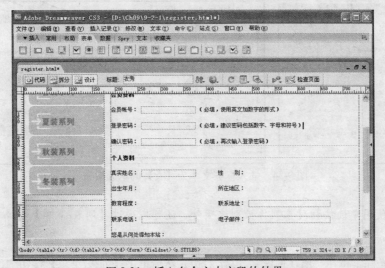

图 9-31　插入各个文本字段的结果

8 将光标定位在"性别："文字右边，然后单击【单选按钮】按钮 ，在打开的对话框中设置 ID 为【male】、标签文字为【男】，最后单击【确定】按钮，如图 9-32 所示。

9 选择插入的单选按钮对象，然后打开【属性】面板，并设置标识为【sex】，然后为对象应用【STYLE6】的类样式，如图 9-33 所示。

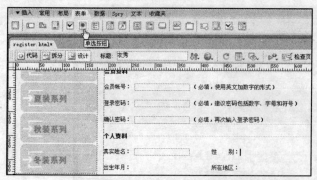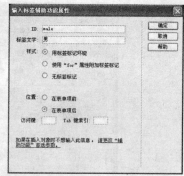

图 9-32　插入标签文本为【男】的单选按钮

图 9-33　设置单选按钮的属性

10 再次插入一个单选按钮对象，然后设置 ID 为【female】、标签文本为【女】，接着通过【属性】面板设置标识为【sex】、类为【STYLE6】，如图 9-34 所示。

图 9-34　插入标签文本为【女】的单选按钮

> **TIPS** 除了使用单选按钮对象制作性别选项外，还可以通过【列表/菜单】对象制作性别的选项。

11 将光标定位在"所在地区："文字右边，然后单击【列表/菜单】按钮，在打开的对话框中单击【取消】按钮即可，如图 9-35 所示。

12 选择插入的【列表/菜单】对象，然后打开【属性】面板，并设置对象 ID 为【area】、类型为【菜单】，接着单击【列表值】按钮，并在【列表值】对话框中添加地区项目，最后单击【确定】按钮，如图 9-36 所示。

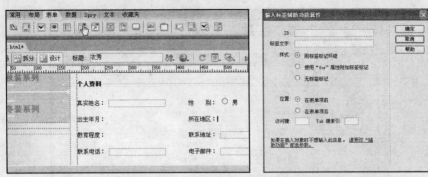

图 9-35 插入【列表/菜单】对象

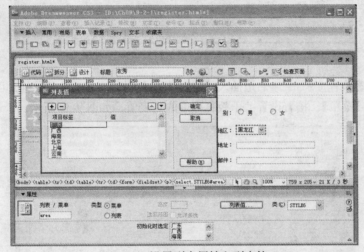

图 9-36 设置列表属性和列表值

13 在"出生年月："文字右边插入【列表/菜单】对象，然后通过【属性】面板设置对象的 ID 为【year】、类型为【菜单】，以及年份的列表值，如图 9-37 所示。

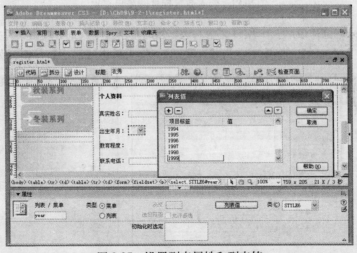

图 9-37 设置列表属性和列表值

14 继续添加另外一个【列表/菜单】对象，然后设置 ID 为【month】、类型为【菜单】，接着为对象设置月份的列表值，最后在【列表/菜单】对象上输入年和月文字，结果如图 9-38 所示。

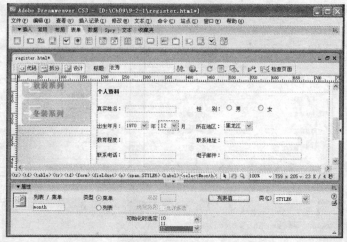

图 9-38　插入【列表/菜单】对象并设置属性

15 在"教育程度:"文字右边插入【列表/菜单】对象,并通过【属性】面板设置 ID 为【edu】、类型为【菜单】,接着设置关于教育程度的列表值,如图 9-39 所示。

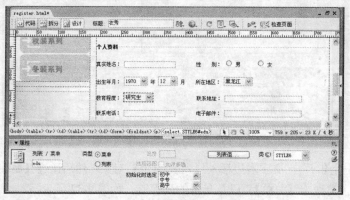

图 9-39　插入教育程度的菜单对象

16 将光标定位在最后一个项目文字右边,然后单击【复选框】按钮☑,并在打开的对话框中设置 ID 为【internet】、标签文字为【互联网】,接着单击【确定】按钮,如图 9-40 所示。

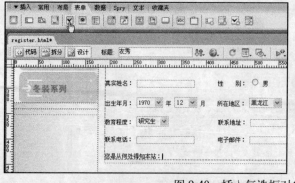
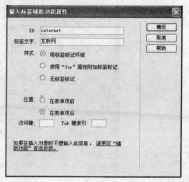

图 9-40　插入复选框对象

17 插入多个复选框,然后分别设置这些复制框的选定值为【howknow】,接着分别设置复选框的 ID 为"internet、paper、book、commend、other",结果如图 9-41 所示。

图 9-41　插入其他复选框并设置属性

18 将光标定位在字段集对象的下一行，然后单击【按钮】按钮□，并在打开的对话框中单击【取消】按钮，以插入一个按钮对象，如图 9-42 所示。

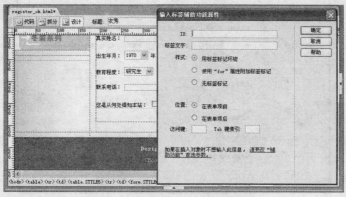

图 9-42　插入一个按钮对象

19 在第一个按钮对象右边插入另一个按钮对象，并使用空格符分隔，接着分别为两个按钮对象设置值为【提交】和【重填】，其中【提交】按钮的动作为【提交表单】，【重填】按钮的动作为【重设表单】，最后为两个按钮应用【STYLE6】类样式，并居中对齐，结果如图 9-43 所示。

图 9-43　插入另外一个按钮对象并设置属性

9.2.2　Spry 验证处理

Spry 构件是一个页面元素，通过启用用户交互来提供更丰富的用户体验。Spry 构件由以下几个部分组成：

- **结构**：用来定义构件结构组成的 HTML 代码块。
- **行为**：用来控制构件如何响应用户启动事件的 JavaScript 语言。
- **样式**：用来指定构件外观的 CSS 样式。

对于表单来说，Spry 提供了 Spry 验证文本域、Spry 验证文本区域、Spry 验证复选框、Spry 验证选择4 种常用对象，可以通过这些对象验证文本域、文本区域、复选框和菜单的有效性和填写格式。

下面将以 Spry 验证文本域为例，介绍使用 Spry 验证功能设置表单对象的验证处理，以验证表单中必填的信息，以及填写信息的有效格式。如图 9-44 所示为表单进行文本域验证的结果。

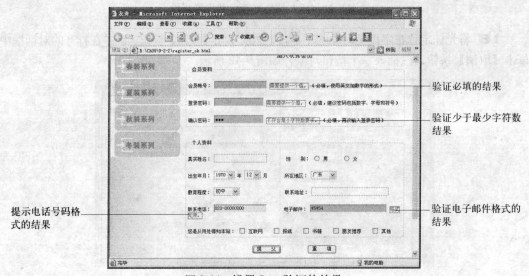

图 9-44　设置 Spry 验证的结果

练习 9-5　如何使用 Spry 验证功能处理表单

1 先将配套光盘中的 "\练习素材\Ch09\9-2-2" 文件夹定位为本地站点，然后打开 "register.html" 练习文件，选择 "会员帐号" 项目的文本字段对象，接着单击【Spry 验证文本域】按钮，以设置对文本字段的验证，如图 9-45 所示。

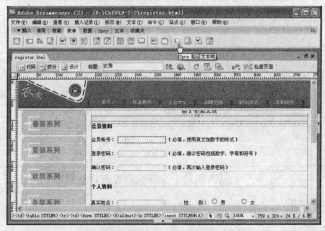

图 9-45　添加 Spry 验证文本域

2 添加 Spry 验证文本域后，打开【属性】面板，然后设置预览状态为【必填】，类型为【无】，再设置 Spry 文本域的 ID，并选择【必需的】复选框，以设置必填文本域信息的验证，如图 9-46 所示。

图 9-46　设置"会员帐号"的文本域验证

3 为"登录密码"项目的文本字段添加 Spry 验证文本域，然后打开【属性】面板，设置如图 9-47 所示的属性。

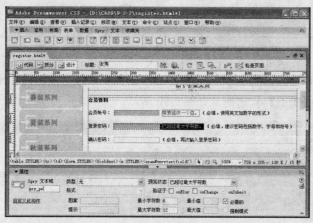

图 9-47　添加"登录密码"项目的文本域验证并设置属性

4 为"确认密码"项目的文本字段添加 Spry 验证文本域，然后打开【属性】面板，设置如图 9-48 所示的属性。

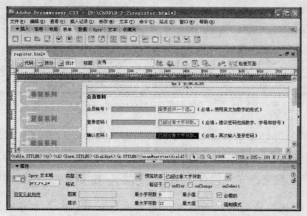

图 9-48　添加"确认密码"项目的文本域验证并设置属性

5 使用相同的方法为"联系电话"项目的文本字段添加 Spry 验证文本域，然后设置类型为【电话号码】、格式为【自定义模式】，接着输入提示内容，并取消选择【必需的】复选框，如图 9-49 所示。

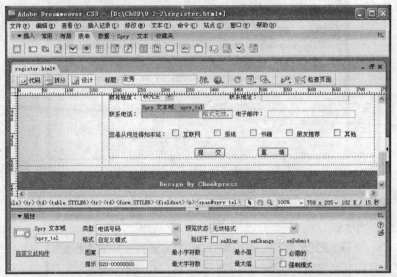

图 9-49　添加"联系电话"项目的文本域验证并设置属性

6 为"电子邮件"项目的文本字段添加 Spry 验证文本域，然后设置类型为【电子邮件地址】，并取消选择【必需的】复选框，如图 9-50 所示。

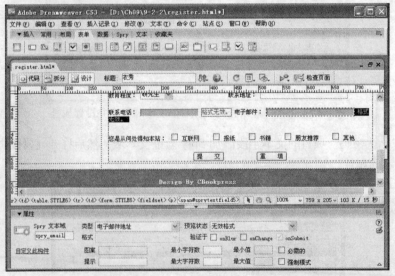

图 9-50　添加"电子邮件"项目的文本域验证并设置属性

7 完成文本域的验证处理后，即按下 Ctrl+Shift+S 快捷键打开【另存为】对话框，然后设置文本名，并单击【保存】按钮。此时 Dreamweaver CS3 将打开【复制相关文件】对话框，以提示将 Spry 验证而产生的支持文件保存在站点，只需单击【确定】按钮即可，如图 9-51 所示。

 　应用了 Spry 验证而产生的相关文件，必需保存在站点内，才可以让 Spry 验证生效。

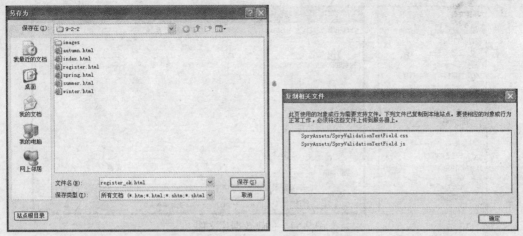

图 9-51　另存文件并复制相关文件

9.2.3　创建数据库和数据表

要创建数据库，就需要借助其他软件。目前常用来创建与管理数据的软件有 Microsoft SQL Server、Oracle、Microsoft Access 等，而使用最为简单就是 Access。下面将以 Access 2003 为例，介绍创建数据库的方法。

练习 9-6　如何使用 Access 2003 创建数据库文件

1 单击电脑桌面任务栏的【开始】按钮，然后从弹出的菜单中选择"所有程序｜Microsoft Office｜Microsoft Office Access 2003"命令，打开 Access 2003 程序，如图 9-52 所示。

2 打开【Microsoft Access】窗口后，选择【文件】｜【新建】命令，如图 9-53 所示。

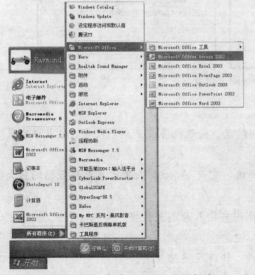

图 9-52　启动 Access 2003 程序

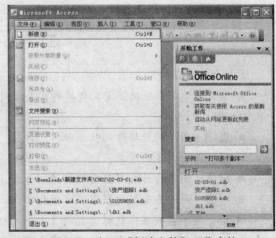

图 9-53　打开【新建文件】工作窗格

3 打开【新建文件】窗格后，单击【空数据库】链接文本，并在弹出的【文件新建数据库】对话框中指定数据库文件保存的目录，再设置名称，然后单击【创建】按钮即可，如图 9-54 所示。

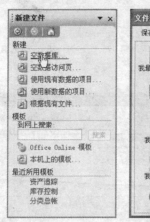

图 9-54　创建数据库文件

4 返回 Microsoft Access 窗口，即可看到 Access 的数据库提供编辑与管理该数据库文件的工作区。此时在数据库窗口中单击【新建】按钮，然后在打开的对话框中选择【设计视图】选项，并单击【确定】按钮，以便通过表设计视图创建数据表，如图 9-55 所示。

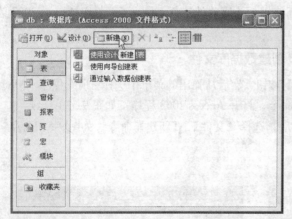

图 9-55　通过设计视图创建表

数据库对象的说明如下：

- **表**：用于保存数据及定义数据的相关格式与信息，是数据库最基础的对象，也是最重要的对象。
- **查询**：用于对数据库的数据分析、计算、筛选。它是 Access 表现出具有对数据的强大控制能力的主要对象。
- **窗体**：用于设计直观且友好的控制界面，让用户输入与浏览数据。
- **报表**：用于产生数据报表，以供打印。
- **页**：用于将数据库数据变成网页文件的格式，传送至网络使用。
- **宏**：用于将数据库中重复性的多个操作化为一个单一操作。
- **模块**：用于建立 Access 的新功能及新函数，扩展数据库的应用范围。

5 打开表的编辑窗口后，在【字段名称】中输入数据记录字段，然后打开【数据类型】列表框，选择数据类型，如图 9-56 所示。

6 分别输入其他数据项的字段名称，以及设置对应的数据类型，结果如图 9-57 所示。

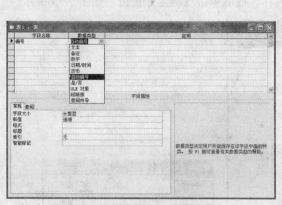

图 9-56 设置字段名称和数据类型 图 9-57 设置数据表记录的字段与数据类型

Access 数据类型说明如下：

- **"文本"类型**：可以输入文本字符，例如中文、英文、数字、符号、空白…等等，最多可以保存 255 个字符。
- **"备注"类型**：可以输入文本字符，但它不同于文字类型，它可以保存约 64k（指保存字节的容量，一般一个字为 1 字节，1k 相当于 1000 字节）字符，适用于长度不固定的文字数据。
- **"数字"类型**：用来保存诸如正整数、负整数、小数、长整数等数值数据。
- **"日期/时间"类型**：用来保存和日期、时间有关的数据。
- **"货币"类型**：适用于无需很精密计算的数值数据，例如：单价、金额等。
- **"自动编号"类型**：适用于自动编号类型，可以在增加一笔数据时自动加 1，产生一个数字的字段，自动编号后，用户无法修改其内容。
- **"是/否"类型**：关于逻辑判断的数据，都可以设定为此类型。
- **"OLE 对象"类型**：为数据表链接诸如电子表格、图片、声音等对象。
- **"超链接"类型**：用来保存超链接数据，例如网址、电子邮件地址等。
- **"查阅向导"类型**：用来查阅可预知的数据字段或特定数据集。

7 选择【编号】字段，然后单击右键并选择【主键】命令，将【编号】字段设置为数据表主键，如图 9-58 所示。

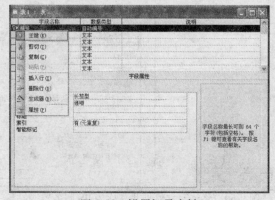

图 9-58 设置记录主键

8 设置数据表主键后单击【关闭】按钮，弹出对话框后，单击【是】按钮，以保存数据表，弹出【另存为】对话框后，设置数据表名称，最后单击【确定】按钮，如图 9-59 所示。

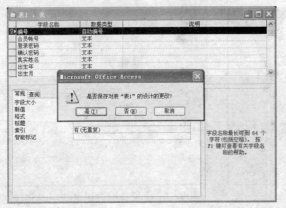

图 9-59　保存表设计

9.2.4　配置本地站点

当制作表单网页并创建数据库后，还要将表单与数据库建立关联。而建立关联后，还需要利用网页的动态语言将表单的数据提交到数据库。要实现这一过程，需要在本地架设支持动态网页的站点，并且将表单所在的网页另存为动态网页格式。

目前开发动态站点的技术有很多，例如 ASP、ASP.Net、JSP、PHP 等。

下面先通过 Dreamweaver CS3 定义支持动态网页的本地站点，以便可以在站点环境中链接数据库。在进行操作前，将配套光盘中的"\练习素材\Ch09\9-2-4"文件夹定位为本地站点。

练习 9-7　如何配置本地站点支持动态网页

1 在配套光盘中的"\练习素材\Ch09\9-2-4"文件夹上单击右键，并选择【共享和安全】命令，打开【属性】对话框后，选择【Web 共享】选项卡，再选择【共享文件夹】单选按钮，打开【编辑别名】对话框后，设置网站别名和访问权限，最后单击【确定】按钮，将该文件夹共享成 IIS 服务器网站，如图 9-60 所示。

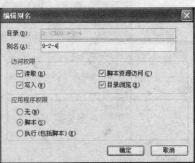

图 9-60　将练习文件夹共享称为 IIS 服务器网站

2 返回 Dreamweaver CS3 中，通过【文件】面板打开"register.html"网页，然后按下 Ctrl+Shift+S 快捷键打开【另存为】对话框，并设置保存类型为【Active Server Page（*.asp;*.asa）】，最后单击【保存】按钮，将网页保存为动态网页格式，如图 9-61 所示。

图 9-61　将静态网页保存为动态网页

3 在菜单栏中选择【站点】|【管理站点】命令，打开【管理站点】对话框后，选择定义了"9-2-4"文件夹的网站项目，然后单击【编辑】按钮，如图 9-62 所示。

4 打开站点定义对话框后，选择【高级】选项卡，再选择【测试服务器】项目，并设置服务器类型、访问方式、测试服务器文件以及 URL 前缀等信息，最后单击【确定】按钮，如图 9-63 所示。

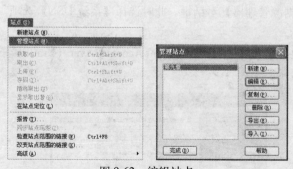

图 9-62　编辑站点

图 9-63　设置站点的测试服务器

5 配置本地站点后，即可按下 F12 功能键，通过浏览器预览"register.asp"网页，以测试本地服务器是否能够正常运行。在预览"register.asp"网页前，Dreamweaver CS3 会提示更新服务器的文件并上传文件，此时单击【是】按钮即可。当更新服务器的文件后，"register.asp"网页即可在浏览器中打开，如图 9-64 所示。

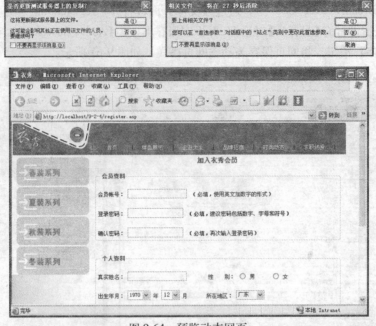

图 9-64　预览动态网页

9.2.5　设置 ODBC 数据源

要使用 ASP 应用程序设计动态网页，就必须通过开放式数据库连接（ODBC）驱动程序和嵌入式数据库（OLE DB）提供程序连接到数据库。开放式数据库连接（ODBC）在动态网页设计中较为常用。

 在进行下面实例操作前，先将配套光盘中的"\练习素材\Ch09\9-2-5"文件夹共享成 IIS 服务器站点，然后定义"9-2-5"文件夹为本地站点文件夹，正确设置测试服务器。

练习 9–8　如何设置 ODBC 数据源

1 打开【控制面板】窗口，双击【管理工具】图标打开【管理工具】窗口，然后双击【数据源（ODBC）】图标打开【ODBC 数据源管理器】对话框，此时选择【系统 DSN】选项卡，最后单击【添加】按钮，如图 9-65 所示。

2 打开【创建新数据源】对话框后，在列表框中选择"Microsoft Access Driver（*.mdb）"项目，最后单击【完成】按钮，如图 9-66 所示。

图 9-65　添加 ODBC 数据源

图 9-66　选择数据源的驱动程序

3 打开【ODBC Microsoft Access 安装】对话框后，输入数据源名称，然后单击【选择】按钮，如图 9-67 所示。

4 打开【选择数据库】对话框后，选择数据库文件（配套光盘中的"练习素材\Practice\Ch09\9-2-5\ database\ db.mdb"），然后单击【确定】按钮，如图 9-68 所示，关闭所有对话框即可。

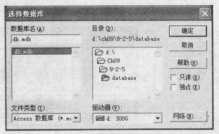

图 9-67　设置数据源名称　　　　　图 9-68　选择数据库

9.2.6　指定数据源名称（DSN）

对于本地操作而言，动态网页需要在支持动态网页程序的服务器环境中运行，并可以访问数据库，要达到这个条件，必须满足 4 个条件。

（1）将网页文件夹定义成本地网站。

（2）设置动态网页的文件类型。

（3）设置网站的测试服务器。

（4）指定数据源名称（DSN）。

练习 9-9　如何指定数据源名称（DSN）

1 定义动态站点后，打开站点中的"register.asp"练习文件，然后按下 Ctrl+Shift+F10 快捷键打开【数据库】面板。

2 单击面板中的 ⊞ 按钮，并从弹出的菜单中选择【数据源名称（DSN）】命令，弹出【数据源名称（DSN）】对话框后，设置连接名称，接着从【数据源名称（DSN）】下拉列表框中选择数据源名称，如图 9-69 所示。

图 9-69　指定数据源名称（DSN）

3 单击对话框中的【测试】按钮，以测试数据库是否成功连接。若成功连接，则会弹出提示对话框，只需单击【确定】按钮即可，如图 9-70 所示。

4 成功连接数据库后，返回 Dreamweaver CS3 的【数据库】面板即可查看已连接的数据库，如图 9-71 所示。

图 9-70　成功连接数据库

图 9-71　成果连接数据库的结果

9.2.7　提交表单记录至数据库

当浏览者在表单上填写资料后，就可以提交到网站的数据库中。但是，网站服务器是怎样接受这些数据，并保存到数据库内的呢？其实原理很简单，因为已经指定的数据源名称（DSN），即与网页与数据库之间建立的关联，还需要做的就是为表单添加"插入记录"的服务器行为，让表单对象与数据库的数据表字段对应。如此，当提交表单数据时，服务器将找出被指定的数据源，并通过服务器行为将数据一一对应地插入到字段内，即可完成保存数据的工作。

练习 9-10　如何提交表单记录到数据库

1 先配置站点并连接数据库，按下 Ctrl+F9 快捷键打开【服务器行为】面板，然后单击 按钮，并从弹出的菜单中选择【插入记录】命令，打开【插入记录】对话框后，设置连接和插入后打开的网页（succeed.asp），如图 9-72 所示。

图 9-72　添加"插入记录"行为

2 在【表单元素】列表框选择表单对象，然后打开【列】下拉列表框，选择该对象与数据表对应的字段，然后设置提交记录的数据类型。依同样的方法，分别设置表单对象在数据表中对应的字段和数据类型，最后单击【确定】按钮即可，如图 9-73 所示。

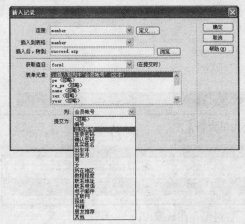

图 9-73 设置表单对象与数据库对象的字段和数据类型

关于表单对象与数据表字段和提交数据的类型的设置如表 9-2 所示。

表 9-2 表单对象与数据表字段和提交数据类型的设置

表单对象 ID	数据表字段	提交数据类型
id	会员账号	文本
pw	登录密码	文本
re_pw	确认密码	文本
name	真实姓名	文本
sex	性别	文本
year	出生年	文本
month	出生月	文本
area	所在地区	文本
edu	教育程度	文本
address	联系地址	文本
tel	联系电话	文本
email	电子邮件	文本
internet	互联网	复选框 1,0
paper	报纸	复选框 1,0
book	书籍	复选框 1,0
commend	朋友推荐	复选框 1,0
other	其他	复选框 1,0

3 完成上述操作后，将网页另存为成果文件，按下 F12 功能键打开浏览器预览网页。打开网页后，在表单上填写各项信息，然后单击【提交】按钮。此时表单的数据将提交到数据库，并自动转到指定的网页，如图 9-74 所示。当表单成功提交后，表单的资料就保存在数据库的数据表内，如图 9-75 所示。

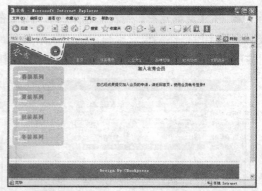

图 9-74　提交表单资料

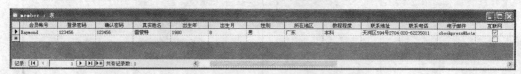

图 9-75　表单成功提交后，资料保存在数据库内

9.3　本章小结

本章先介绍了在本地计算机中配置 IIS 服务器和创建站点数据库的方法，然后讲解了设计表单网页和验证表单对象的方法，接着详细介绍了开发动态网页的必备知识及方法，例如创建数据库、配置本地站点、设置 ODBC 数据源、指定数据源名称等。通过认识动态站点的架设到开发动态网页，再到表单数据的提交，完整地了解与掌握使用 Dreamweaver CS3 开发动态网页的方法。

9.4　本章习题

一、填充题

1. 在 Windows XP 系统中，可以使用_____作为动态站点的服务器，以测试与开发动态网页。

2. 表单是以一种_____的形式，为站点与浏览者进行信息传递、互动交流的工具。

3. Spry 构件是一个_____，通过启用_____来提供更丰富的用户体验。

4. Spry 构件由_____、_____、_____ 3 部分组成。

5. Access 提供了_____、_____、_____、_____、_____、_____、_____、_____、_____、_____等 10 种数据类型。

二、选择题

1. 以下哪个表单对象是用于当在一组选项中只需要选择单一选项时？　　　　　（　　）

　　A. 复选框　　　　　　B. 单选按钮　　　　　C. 文本字段　　　　D. 文件域

2. 对于 Access 而言，若想要数据字段可以保存大量的文本字符，那么应该为字段设置什么数据类型？　　　　　　　　　　　　　　　　　　　　　　　　　　　　　（　　）

　　A. 文本　　　　　　　B. 自动编号　　　　　C. OLE 对象　　　　D. 备注

3. 可以通过安装在 Windows 系统上的哪个驱动程序，定义用于 ASP 应用程序与数据库链接的 DSN? （　　）

    A. ODBC   B. JDBC   C. OLE DB   D. CCDB

4. 在 Dreamweaver CS3 中，可以使用哪两种方式连接数据库? （　　）

    A. 数据源名称（DSN）和连接字符串   B. 服务器行为和连接字符串

    C. 服务器行为和绑定记录集   D. 数据源名称（DSN）或绑定记录集

三、练习题

练习内容：为网页添加 Spry 验证

练习说明：先将配套光盘中的"\练习素材\Ch09\practice"文件夹定义成本地站点，并设置测试服务器，再共享成 IIS 服务器站点，接着指定该文件夹的数据库文件为数据源，并在 Dreamweaver CS3 中指定数据源名称。完成上述的处理后，在 Dreamweaver CS3 中打开"register.asp"网页，然后为"性别"项目的菜单对象添加 Spry 验证，最终效果如图 9-76 所示。

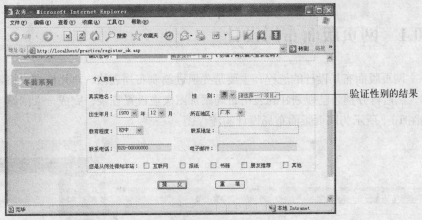

图 9-76　最终效果图

操作提示：

1. 先将配套光盘中的"\练习素材\Ch09\practice"文件夹定位为本地站点，然后打开"register.asp"练习文件，选择"性别"项目的菜单对象，接着单击【Spry 验证选择】按钮。

2. 打开【属性】面板，设置预览状态为【初始】，然后选择【空值】复选框即可。

第 10 章　个人网站主页设计

教学目标

熟悉和掌握个人网站主页中网页页面的综合设计。

教学重点与难点

➢ 网页版面布局设计
➢ 主页内容编排处理
➢ 网页多媒体与特效设计

10.1　网页版面布局设计

网页版面布局设计的流程，主要是先通过绘制布局表格，再用标准表格定位网页的局部内容，然后再分别为已规划好的表格布局添加图像或设置背景，完成个人网站主页的版面雏形，如图 10-1 所示为网页版面布局设计的流程图。

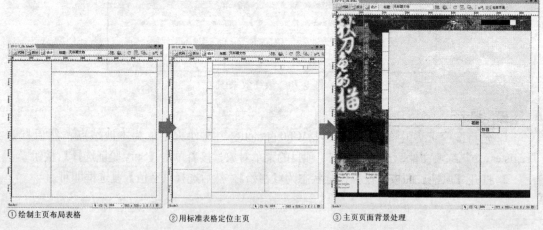

①绘制主页布局表格　　　②用标准表格定位主页　　　③主页页面背景处理

图 10-1　网页版面布局设计流程

10.1.1　绘制主页布局表格

本例先通过 Dreamweaver CS3 的起始页新建网页文件，再设置包括边距、标题、跟踪图像在内的页面属性，然后在布局表格模式下，绘制布局表格和布局单元格，完成主页的版面布局处理。

练习 10-1　如何绘制主页布局表格

1 打开 Dreamweaver CS3 软件，在起始页中单击【HTML】项目，如图 10-2 所示，新建空白的网页文档。

2 在菜单栏中选择【修改】|【页面属性】命令，打开【页面属性】对话框后，在默认的【外观】分类中设置【左边距】和【上边距】参数都为 0，如图 10-3 所示。

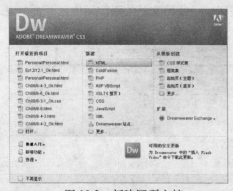

图 10-2　新建网页文档

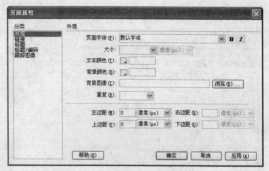

图 10-3　设置网页左上边距

3 选择【标题/编码】分类，然后在【标题】栏中输入网页标题，如图 10-4 所示。

4 选择【跟踪图像】分类，在【跟踪图像】栏中指定配套光盘中的 "\练习素材\Ch10\10-1-1.png" 文档，再拖动下方透明度调整点，设置透明度为 80%，然后单击【确定】按钮，完成网页属性设置，如图 10-5 所示。

图 10-4　设置网页标题

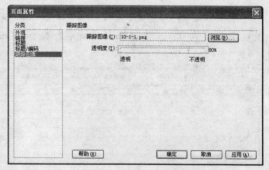

图 10-5　设置跟踪图像

5 选择【查看】|【表格模式】|【布局模式】命令，进入网页布局模式，显示【从布局模式开始】对话框，直接单击【确定】按钮，如图 10-6 所示。

6 切换【插入】面板至【布局】分类，单击【布局表格】按钮 ，然后依照跟踪图像中的红线范围拖动绘制布局表格，如图 10-7 所示。

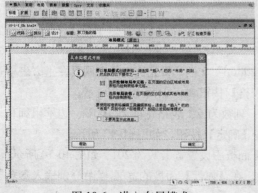

图 10-6　进入布局模式

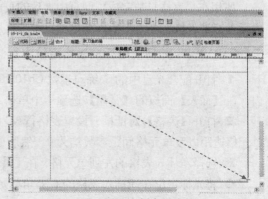

图 10-7　绘制布局表格

7 在【插入】面板中再次单击【布局表格】按钮 ，然后在网页左侧拖动绘制嵌套布局表格，如图10-8所示。

8 单击【插入】面板上的【绘制布局单元格】按钮 ，依照文档的跟踪图像在网页左边绘制两个布局单元格，如图10-9所示。

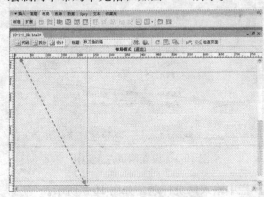

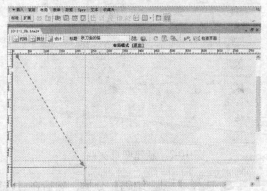

图10-8　绘制嵌套布局表格　　　　图10-9　绘制布局单元格

9 根据步骤8相同的操作方法，并依照跟踪图像中的布局绘制其他布局单元格，然后单击在【文档】工具栏下方的【布局模式】，在其中单击【退出】，退出布局模式，如图10-10所示。

10 选择【修改】|【页面属性】命令打开【页面属性】对话框，选择【跟踪图像】分类，设置透明度为0%，然后单击【确定】按钮，如图10-11所示。

图10-10　绘制其他布局表格并退出布局模式　　　　图10-11　隐藏跟踪图像

10.1.2　使用标准表格定位主页

使用布局表格只是完成了网页中大致的页面布局处理，还需要在相应的布局表格或单元格内插入标准表格，进一步精确编排网页中各区域布局，为后续的具体页面部件进行定位。

练习10-2　如何使用标准表格定位主页

1 打开配套光盘中的"\练习素材\Ch10\10-1-2.html"文档，将光标定位在网页左上方表格内，在【插入】面板的【常用】选项卡中单击【表格】按钮 ，如图10-12所示。

2 打开【表格】对话框，设置表格行数为6、列数为2、表格宽度为100%、边框粗细和单元格边距以及单元格间距参数均为0，然后单击【确定】按钮，如图10-13所示。

3 选择新插入表格的左列单元格，在【属性】面板中设置宽参数为201，如图10-14所示。

4 将光标定位在新插入表格的右上角单元格，在【属性】面板的宽/高栏中分别输入参数为29和72，如图10-15所示。

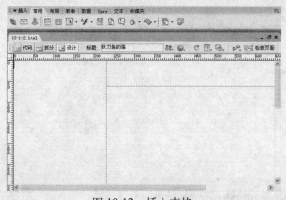

图 10-12　插入表格　　　　　　　　　　图 10-13　设置表格

图 10-14　设置单元格宽度　　　　　　　图 10-15　设置单元格宽/高

5 分别设置新插入表格右列单元格的高度，从上到下设置参数分别为 81、81、81、83 和 39。

6 选择表格左列所有单元格，在【属性】面板中单击【合并所选单元格，使用跨度】按钮 □，如图 10-16 所示。

7 在网页右上方单元格中插入 3 行 4 列的表格，通过【属性】面板合并表格第 1 行和第 3 行，再从上到下分别设置各行高为 17、23 和 21，接着在第 2 行从左至右设置各单元格宽度为 400、128、26 和 66，结果如图 10-17 所示。

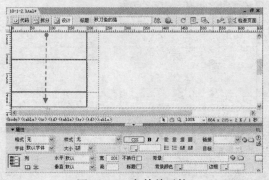　　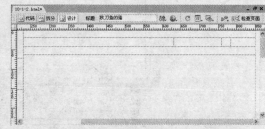

图 10-16　合并单元格　　　　　　图 10-17　在右上单元格插入的表格结果

8 在网页右下方单元格中插入 4 行 2 列的表格，通过【属性】面板合并表格第 4 行单元格和第 1 列的第二三行单元格，再分别设置第 2、3、4 行单元格高为 28、240 和 33，结果如图 10-18 所示。

图 10-18　在右下单元格插入的表格结果

9 将光标定位在网页左下方单元格内，在【属性】面板中单击【拆分单元格为行或列】按钮，打开【拆分单元格】对话框后，选择"行"选项按钮，在"行数"栏设置参数为 2，然后单击【确定】按钮，如图 10-19 所示。

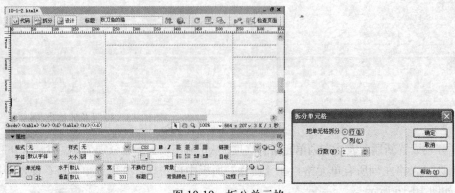

图 10-19　拆分单元格

10 将光标定位在拆分后下方的单元格中，在【属性】面板中设置高度参数为 160，如图 10-20 所示。

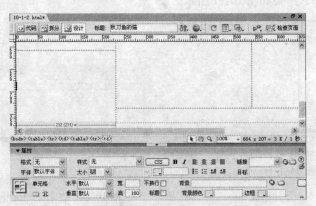

图 10-20　设置拆分单元格的高度

10.1.3　主页页面背景处理

利用表格完成网页版面的布局定位后，下面将分别在一些单元格中插入图像素材，同时在相对应的另一些单元格中指定颜色和图像作为其背景，从而完成网页页面的背景处理。

练习 10-3　如何处理主页页面背景

1 打开配套光盘中的"\练习素材\Ch10\10-1-3.html"文档，将光标定位在网页右上角的单元格内，在【插入】面板中单击【图像：图像】按钮，如图 10-21 所示。

2 打开【选择图像源文件】对话框，指定配套光盘中的"\练习素材\Ch10\images\Personal_1.png"图像，然后单击【确定】按钮，如图 10-22 所示。

图 10-21　插入图像　　　　　　　　　　图 10-22　指定素材图像

3 分别在网页中其他单元格内插入相应的图像素材，结果如图 10-23 所示。

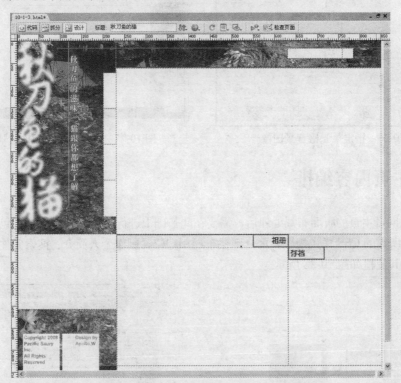

图 10-23　插入其他图像

4 将光标定位在网页搜索元件靠左的单元格内，在【属性】面板中展开【背景颜色】色板，选择黑色色块，如图 10-24 所示，指定黑色作为单元格背景颜色。

5 将光标定位在下方有空白的单元格内，在【属性】面板中单击【背景】栏后的【单元格背景 URL】图标，如图 10-25 所示。

图 10-24　设置单元格背景颜色

图 10-25　定位光标

6 打开【选择图像源文件】对话框后,指定配套光盘中的"\练习素材\Ch10\images\Personal_9.png"
图像,然后单击【确定】按钮,如图 10-26 所示。

7 分别再为其他未插入图像的空白单元格设置背景图像,结果如图 10-27 所示。

图 10-26　指定单元格背景图像

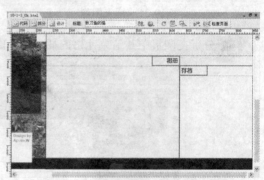

图 10-27　设置其他单元格背景图像

10.2　主页内容编排

在完成网页主页的版面布局处理后,需要在此基础上进行具体的内容编排,包括先定义网
页文本编辑所需的 CSS 样式规则,再分别在布局相应位置制作个人简介、搜索元件、日志与存
档等模块,其流程如图 10-28 所示。

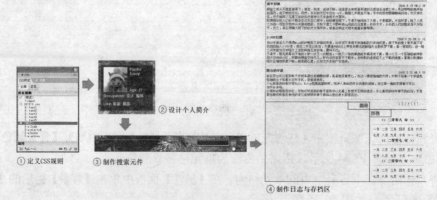

① 定义CSS规则　　② 设计个人简介　　③ 制作搜索元件　　④ 制作日志与存档区

图 10-28　主页内容编辑流程

10.2.1　定义 CSS 规则

　　CSS 样式表用于网页设计中统一规范页面元素，下面先为网页创建和附加 CSS 规则，以便为后续的页面内容设计做好准备。

练习 10-4　如何定义 CSS 规则

　　1 打开配套光盘中的"\练习素材\Ch10\10-2-1.html"文档，然后选择【窗口】|【CSS 样式】命令，打开【CSS 样式】面板后，单击【新建 CSS 规则】按钮 🔁，如图 10-29 所示。

　　2 弹出【新建 CSS 规则】对话框后，选择【标签（重新定义特定标签的外观）】选项，然后选择标签为【input】，并选择【仅对该文档】选项，单击【确定】按钮，如图 10-30 所示。

图 10-29　新建 CSS 规则

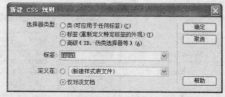

图 10-30　选择新建"input"标签规则

　　3 弹出【input 的 CSS 规则定义】对话框后，选择【类型】分类，在右边窗格中设置字体大小为 12px，如图 10-31 所示。

　　4 选择【背景】分类，在右边窗格中设置背景颜色为【深灰色】（#333333），然后单击【确定】按钮，如图 10-32 所示。

　　5 返回【CSS 样式】面板，单击【附加样式表】按钮 💬，如图 10-33 所示。

　　6 弹出【链接外部样式表】对话框后，在【文件/URL】栏单击【浏览】按钮，打开【选

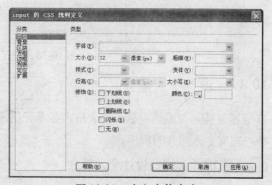

图 10-31　定义字体大小

择样式表文件】对话框，选择配套光盘中的"\练习素材\Ch10\10-2-1.css"文档，然后单击【确定】按钮，如图 10-34 所示。

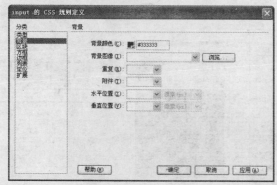

图 10-32　定义背景颜色

图 10-33　附加样式表

图 10-34　指定样式表文件

7 选择【修改】|【页面属性】命令，打开【页面属性】对话框后选择【链接】分类，先设置链接颜色和已访问链接颜色都为灰色（#666666），再设置变换图像链接和活动链接颜色都为蓝色（#6699FF），然后单击【确定】按钮，如图 10-35 所示。

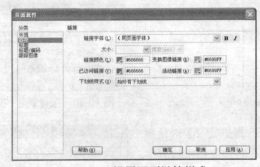

图 10-35　设置网页链接样式

10.2.2　设计个人简介

通过插入与编辑表格、为表格内各单元格添加图像和文本，在网页左下方设计个人简介区域，完成个人简介的制作。

练习 10-5　如何设计个人简介

1 打开配套光盘中的"\练习素材\Ch10\10-2-2.html"文档，将光标定位在网页左下方黑色透明区所在单元格内，然后在【属性】面板中分别设置水平和垂直对齐为居中对齐和居中，如图 10-36 所示。

2 在【插入】面板的"常用"选项卡中单击【表格】按钮 ，如图 10-37 所示。

图 10-36　设置单元格对齐　　　　　　　　图 10-37　插入表格

3 打开【表格】对话框，设置表格行数为 4、列数为 2、表格宽度为 80%、边框粗细为 1 像素，单元格边距和单元格间距参数均为 0，然后单击【确定】按钮，如图 10-38 所示。

4 拖动选择新插入表格的第 1 列的第 1 行和第 2 行单元格，在【属性】面板中单击【合并所选单元格，使用跨度】按钮，如图 10-39 所示。

图 10-38　设置表格

图 10-39　合并单元格

5 将光标定位在网页合并后的单元格内，在【插入】面板中单击【图像：图像】按钮，打开【选择图像源文件】对话框，指定配套光盘中的 "\练习素材\Ch10\images\Personal.png" 图像，然后单击【确定】按钮，如图 10-40 所示。

图 10-40　插入图像

6 向左拖动表格第 2 条垂直单元格边框，适当缩小因插入图像后而变大的宽度，如图 10-41 所示。

7 在表格右上角的单元格内输入名称文本，然后在【属性】面板中选择样式为 "text5"，如图 10-42 所示，为文本套用已设置好的 CSS 样式。

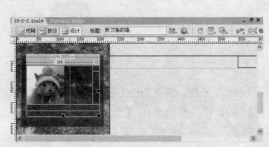

图 10-41　手动调整单元格宽度

图 10-42　输入文本并套用 CSS 样式

8 分别为表格其他单元格输入年龄、职业和兴趣文本，并套用相同的 CSS 样式。

9 将光标定位在右上单元格，在【属性】面板中设置垂直对齐方式为顶端，再定位光标在第 2 列第 2 行单元格，在【属性】面板中设置垂直对齐方式为底部，如图 10-43 所示。

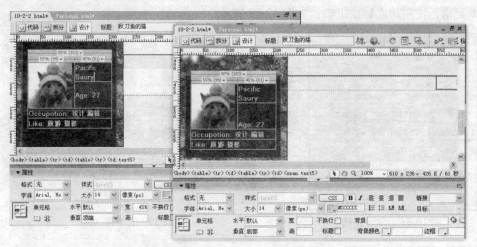

图 10-43 设置单元格对齐

10 拖动选择表格下方两行单元格，在【属性】面板中设置高参数为 30，如图 10-44 所示，从而完成本例个人简介区的制作。

11 选择整个表格，在【属性】面板中设置边框为 0，如图 10-45 所示，隐藏表格的边框效果。

图 10-44 设置单元格高度

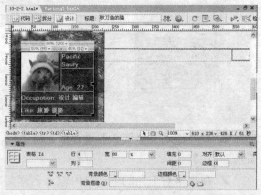

图 10-45 隐藏表格边框

10.2.3 制作搜索元件

在个人网站主页中一般都提供一个搜索元件，以便浏览者通过该元件搜索网站的资料，下面将通过插入表单元件和鼠标变换图像完成网页搜索元件的制作。

练习 10-6 如何制作搜索元件

1 打开配套光盘中的“\练习素材\Ch10\10-2-3.html”文档，将光标定位在网页上方的搜索区黑色背景单元格内，切换【插入】面板为【表单】选项卡，然后单击【文本字段】按钮，如图 10-46 所示。

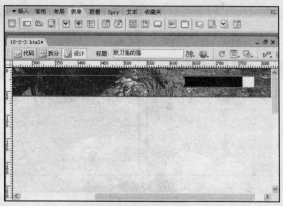

图 10-46　插入文本字段元件

2 随之弹出【输入标签辅助功能属性】对话框，单击【取消】按钮后，再打开询问框，提示是否添加表单标签，单击【否】按钮，如图 10-47 所示。

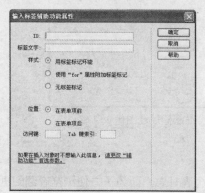

图 10-47　确认插入元件

3 选择已插入的表单元件，在【属性】面板中设置字符宽度为 19，如图 10-48 所示。

4 定位光标在搜索区靠右的单元格内，切换【插入】面板为【常用】选项卡，然后单击展开图像选单，选择【鼠标经过图像】选项，如图 10-49 所示。

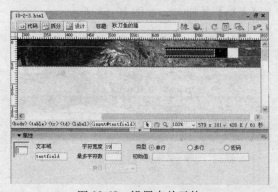

图 10-48　设置表单元件

图 10-49　插入鼠标经过图像

5 打开【插入鼠标经过图像】对话框，先在【原始图像】栏中单击【浏览】按钮，再打开【原始图像】对话框，选择配套光盘中的 "\练习素材\Ch10\images\Personal_6.png" 图像，然后单击【确定】按钮，如图 10-50 所示。

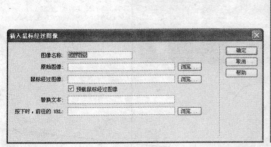
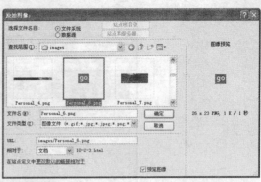

图 10-50　设置原始图像

6 指定鼠标经过图像为配套光盘中的"\练习素材\Ch10\images\Personal_B_6.png"图像，然后单击【确定】按钮，如图 10-51 所示。

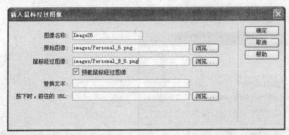

图 10-51　设置鼠标经过图像

10.2.4　制作日志与存档区

在个人网站的主页中的主要内容是陈列个人日志，而为了方便浏览者翻阅更多日志内容，还将提供一个存档区，以便通过其中的日期链接，浏览更多的日志内容。

练习 10-7　如何制作日志和存档区

1 打开配套光盘中的"\练习素材\Ch10\10-2-4.html"文档，将光标定位在网页正中位置单元格内，然后在【属性】面板中分别设置水平和垂直对齐为居中对齐和居中，如图 10-52 所示。

2 在【插入】面板的【常用】选项卡中单击【表格】按钮，如图 10-53 所示。

图 10-52　设置单元格对齐

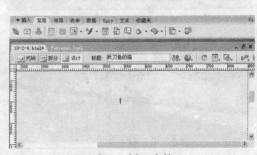

图 10-53　插入表格

3 打开【表格】对话框，设置表格行数为 6、列数为 2、表格宽度为 610 像素、边框粗细、单元格边距以及单元格间距参数均为 0，然后单击【确定】按钮，如图 10-54 所示。

4 拖动选择新插入表格的第 1 行单元格，在【属性】面板中设置高度参数为 25，如图 10-55 所示。

图 10-54　设置表格

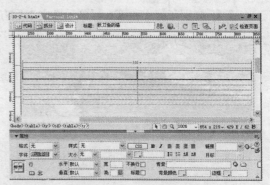

图 10-55　设置单元格高度

5 拖动选择新插入表格的第 2 行单元格，在【属性】面板中单击【合并所选单元格，使用跨度】按钮，并设置高度参数为 100，如图 10-56 所示。

6 再为新插入的表格的第 3 和第 4 和、第 5 和第 6 行进行相同的编辑。

7 在表格左上角单元格输入文本，然后在【属性】面板中为其套用样式【text2】，如图 10-57 所示。

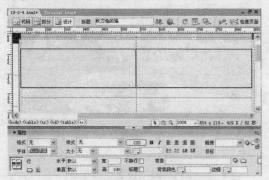

图 10-56　合并单元格并设置高度

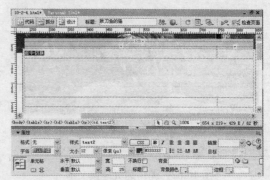

图 10-57　输入日志标题

8 在表格右上角单元格输入另一组文本，然后在【属性】面板中为其套用样式【text1】，如图 10-58 所示。

9 根据配套光盘中的"\练习素材\Ch10\10-2-4.txt"文档中的内容，为新插入的表格中其他单元格编辑日志文本，结果如图 10-59 所示。

图 10-58　输入日志日期

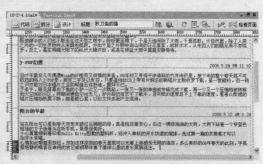

图 10-59　编辑其他日志文本

10 定位光标在表格第 2 行的文本后方，按下 Shift+Enter 快捷键执行断行，如图 10-60 所示，然后选择【插入记录】|【HTML】|【水平线】命令，插入一条水平线。

11 分别在第 4 和第 6 行单元格文本后方断行并插入水平线，结果如图 10-61 所示。

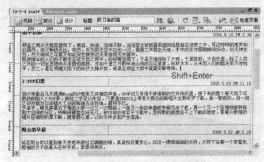

图 10-60　断行以插入水平线

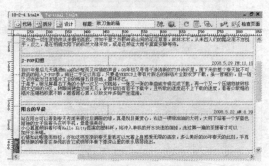

图 10-61　插入其他水平线

12 在"相册"右侧的单元格中输入文本"1 2 3 4 5 6 7……"，再通过【属性】面板为其套用样式为【text1】，并设置水平和垂直对齐为【右对齐】和【顶端】，如图 10-62 所示。

13 在"相册"右侧的单元格中选择文本 1，然后在【属性】面板的【链接】栏输入"#"，如图 10-63 所示，暂时为其设置空链接。

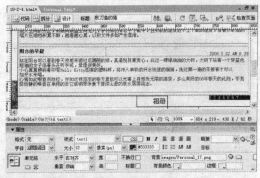

图 10-62　编辑翻页链接文本

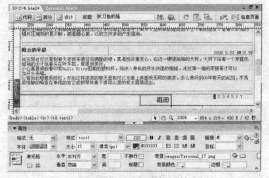

图 10-63　设置空链接

14 在网页右下方空白单元格内插入一个 9 行 6 列的表格，并分别合并第 1、4、7 单元格，接着在这三行中分别输入年份并套用"text3"样式，在月份文本后断行插入水平线，最后为其他单元格输入月份并套用"text4"样式，完成如图 10-64 所示的存档区编辑结果。

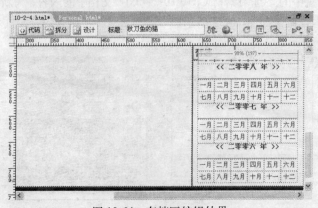

图 10-64　存档区编辑结果

10.3　主页多媒体与特效设计

本节将在网页另外两组空白单元格中插入导航条、多媒体相册，再在日志文本后面插入 Flash 文本，最后为个人主页添加弹出文本信息和状态栏文本信息，其流程如图 10-65 所示，最终完成个人网站主页的设计。

① 制作动态导航条　　② 制作Flash文本　　③ 制作多媒体相册　　④ 主页页面背景处理

图 10-65　主页多媒体与特效设计流程

10.3.1　制作动态导航条

下面将使用 Dreamweaver CS3 的【导航条】功能为网页插入呈现互动效果的导航按钮。

练习 10-8　如何制作动态导航条

1 打开配套光盘中的"\练习素材\Ch10\10-3-1.html"文档，拖动选择网页中间四个空白单元格，然后在【属性】面板中单击【合并所选单元格，使用跨度】按钮□，如图 10-66 所示。

2 将光标定位在合并的单元格中，在【插入】面板中单击展开【图像：图像】下拉选单，选择【导航条】选项，如图 10-67 所示。

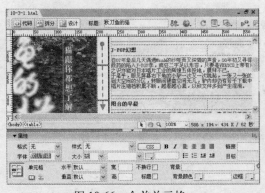

图 10-66　合并单元格

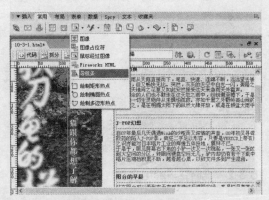

图 10-67　插入导航条

3 打开【插入导航条】对话框后，设置项目名称为"a1"，然后单击【状态图像】后面的【浏览】按钮，打开【选择图像源文件】对话框，选择配套光盘中的"\练习素材\Ch10\images\Personal_10.png"图像，然后单击【确定】按钮，如图 10-68 所示。

4 指定【按下图像】为配套光盘中的"\练习素材\Ch10\images\Personal_B_10.png"，结果如图 10-69 所示。

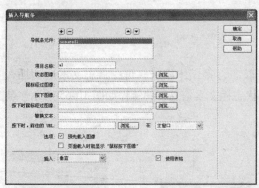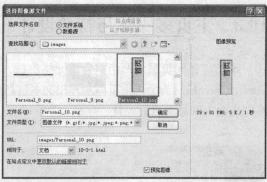

图 10-68　指定原始图像

5 单击【添加项】按钮以添加第二个导航条元件，并根据步骤 3 和步骤 4 相同的方法设置项目名称为 a2，并分别指定【状态图像】和【按下图像】为素材文件 "Personal_11.png" 和 "Personal_B_11.png"，如图 10-70 所示。

6 根据步骤 5 相同的操作方法，再新增导航元件 "a3" 和 "a4"，并为 "a3" 项指定素材【状态图像】和【按下图像】为 "Personal_12.png" 和 "Personal_B_12.png"，为 "a4" 项指定素材【状态图像】和【按下图像】为

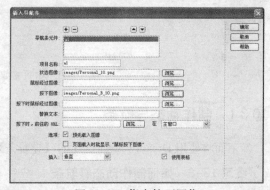

图 10-69　指定按下图像

"Personal_13.png" 和 "Personal_B_13.png"，最后单击【确定】按钮，如图 10-71 所示。

图 10-70　新增并设置导航元件　　　　　图 10-71　新增并设置其他元件

10.3.2　制作 Flash 文本

由于篇幅有限，在个人网站主页中所陈列的每一项日志内容并不是完整的，为了让浏览者浏览更完整的日志信息，下面将通过插入 Flash 文本的方法，在各日志内容后面制作一个 "more" 链接。

练习 10-9　如何插入 Flash 文本

1 打开配套光盘中的 "\练习素材\Ch10\10-3-2.html" 文档，将光标定位在第一项日志内容后边，然后在【插入】面板中单击展开【媒体：Flash】下拉选单，选择【Flash 文本】选项，如图 10-72 所示。

2 打开【插入 Flash 文本】对话框，先在文本区中输入文本"more…"，再设置字体为【Arial】，大小为 12，颜色为深灰色（#666666），转滚颜色为粉红色（#FF66FF），暂且指定链接，然后单击【确定】按钮，如图 10-73 所示。

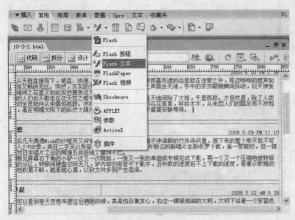

图 10-72 插入 Flash 文本   图 10-73 设置 Flash 文本

3 返回 Dreamweaver CS3 编辑区，选择新插入的 Flash 文本，在【属性】面板中设置对齐为【绝对底部】，如图 10-74 所示。

4 依照上述步骤相同的方法，分别在另外两项日志文本后插入相同的 Flash 文本，并设置相同的对齐效果，结果如图 10-75 所示。

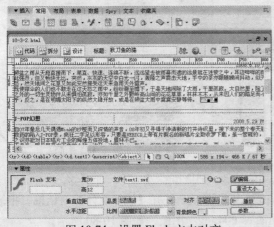

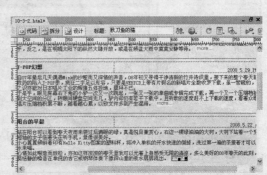

图 10-74 设置 Flash 文本对齐   图 10-75 插入其他 Flash 文本

10.3.3 制作多媒体相册

下面将在个人网站主页"相册"区下方的空白单元格中添加"图像查看器"对象，产生一个自动切换播放相片并可控制的 Flash 元素。

练习 10-10 如何制作多媒体相册

1 打开配套光盘中的"\练习素材\Ch10\10-3-3.html"文档，将光标定位在网页下方的空白单元格内，选择【插入】|【媒体】|【图像查看器】命令，如图 10-76 所示。

2 打开【保存 Flash 元素】对话框，指定保存位置为"Ch10"文件夹，再设置其名称为"mov"，然后单击【保存】按钮，如图 10-77 所示。

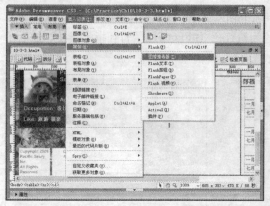

图 10-76　插入图像查看器　　　　　　图 10-77　保存 Flash 元素

3 在自动显示的【Flash 元素】面板中选择"imageURLs"栏，再单击右侧显示的【编辑数组值】图示，打开【编辑"imageURLs"数组】对话框，单击"img1.jpg"项目右侧的图示，如图 10-78 所示。

4 打开【选择文件】对话框，选择素材文件为配套光盘中的"\练习素材\Ch10\images\P01.jpg"图像，然后单击【确定】按钮，如图 10-79 所示。

图 10-78　编辑"imageURLs"数组　　　　图 10-79　指定图像素材

5 根据步骤 4 的方法，修改另外两个默认项的值为"P02.jpg"和"P03.jpg"。

6 单击图示按钮，新建项目后，在其右侧单击图示，打开【选择文件】对话框，指定素材文件为配套光盘中的"\练习素材\Ch10\images\P04.jpg"图像，如图 10-80 所示。

7 根据步骤 6 相同的操作方法，再新增图像项目并指定素材文件为配套光盘中的"\练习素材\Ch10\images\P05.jpg"图像，然后单击【确定】按钮，如图 10-81 所示。

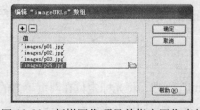

图 10-80　新增图像项目并指定图像素材　　图 10-81　新增另一图像项目并指定图像素材

8 返回【Flash 元素】面板，选择"imageLinks"栏中的内容，按下 Delete 键删除该链接，在"title"栏中输入标题文本，再在"slideAutoPlay"和"slideLoop"栏中设置参数都为"是"，使图像查看器自动并循环播放，如图 10-82 所示。

❾ 选择图像查看器，在【属性】面板中设置宽/高参数为 380/250，如图 10-83 所示。

图 10-82　设置 Flash 元素参数

图 10-83　设置图象查看器宽/高

10.3.4　添加行为特效

为了使网页具备更为出众的动态特效，需要为网页添加弹出信息文本和状态栏信息文本两个行为特效。

练习 10–11　如何添加行为特效

❶ 打开配套光盘中的"\练习素材\Ch10\10-3-4.html"文档，按下 Shift+F4 快捷键打开【行为】面板。

❷ 在不选择任何对象的情况下，单击【行为】面板的【添加行为】按钮 ，并选择【弹出信息】命令，如图 10-84 所示。

❸ 弹出【弹出信息】对话框后，在【信息】文字区域输入如图 10-85 所示的文本内容，然后单击【确定】按钮。

图 10-84　添加"弹出信息"行为

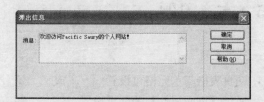

图 10-85　输入弹出信息

❹ 添加行为后，将事件修改为"onLoad"，如图 10-86 所示。

❺ 在网页上方的搜索区中选择"go"图像，在【行为】面板中单击【添加行为】按钮 ，选择【设置文本】|【设置状态栏文本】命令，如图 10-87 所示。

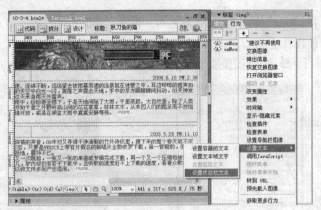

图 10-86　修改行为事件　　　　　　　图 10-86　添加"设置状态栏文本"行为

6 打开【设置状态栏文本】对话框，在【消息】栏中输入如图 10-88 所示的文本，然后单击【确定】按钮。

7 添加行为后，在【行为】面板中修改行为事件为"onMouseOver"，如图 10-89 所示。

图 10-88　输入状态栏文本信息　　　　　图 10-89　修改行为事件

10.4　本章小结

本章通过个人网站主页实例设计，讲解具有个人风格的网页版面设计、内容编排，以及多媒体与特效的制作，将有关网页设计的功能操作综合应用，完整的体验从无到有完成一个网页设计全过程。

10.5　本章习题

一、填充题

1. 网页表格与单元格可设置_____或_____作为背景。

2. 通过【页面属性】为网页设置_____和_____后，可便于由网页左上顶部开始绘制布局表格和布局单元格。

3. 在网页中插入的导航条可设置_____、_____、_____和_____四种状态的图像。

二、选择题

1. 通过以下哪一项操作可以设置网页超链接样式？　　　　　　　　　　　　　（　　）

　　A. 属性面板　　　　　B. 行为面板　　　　　C. 页面属性　　　　　D. 以上皆可

2. 在网页中插入以下哪种元素，需要先保存文件？　　　　　　　　　　　　　（　　）

　　A. 图像查看器　　　　B. 导航条　　　　　　C. 鼠标经过图像　　　D. 以上皆是

3. 添加图像查看器后，无法通过【Flash 元素】设置以下哪一项？　　　　　　（　　）

　　A. 自动播放　　　　　B. 标题文本　　　　　C. 宽/高　　　　　　D. 循环播放

三、练习题

练习内容：个人主页设计

练习说明：先打开配套光盘中 "\练习素材\Ch10\10-5.html" 文档，为网页中的相册区插入一个自动循环播放的图像查看器，并为其指定素材文件为配套光盘中的 "\练习素材\Ch10\images" 文件中的 t01.jpg、t02.jpg、t03.jpg、t04.jpg、t05.jpg 图像作为其源文件。接着通过【CSS 样式】面板分别新增 "text6" 和 "text7 两个 "类" CSS 规则，分别定义其文本大小、粗细以及颜色属性，然后将两种 CSS 规则套用至网页存档区中的年份标题和月份文本，最终效果如图 10-90 所示。

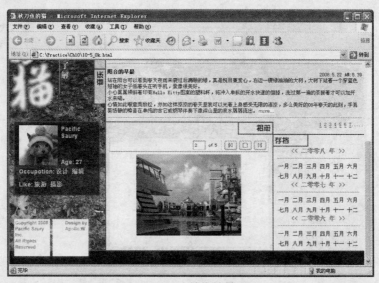

图 10-90　最终效果图

操作提示：

1. 定位光标在网页下方的空白单元格内，选择 "插入 | 媒体 | 图像查看器" 命令，打开【保存 Flash 元素】对话框，指定保存位置为 "Ch10" 文件夹，再设置其名称为 "mov"，然后单击【保存】按钮。

2.【Flash 元素】面板中选择 "imageURLs" 栏，再单击右侧显示的【编辑数组值】图示，打开【编辑 "imageURLs" 数组】对话框，分别指定素材文件配套光盘中的\Ch10\images 文件中的 t01.jpg、t02.jpg、t03.jpg、t04.jpg、t05.jpg 图像，然后单击【确定】按钮。

3. 返回【Flash 元素】面板，按下 Delete 键删除 "imageLinks" 栏中的内容，再于 "slideAutoPlay" 和 "slideLoop" 栏设置参数都为 "是"，然后在【属性】面板中设置宽/高参数为 380/250。

4. 按下 Shift+F11 快捷键打开【CSS 样式】面板，单击【新建 CSS 规则】按钮 ，弹出【新建 CSS 规则】对话框后，选择"类（可应用于任何标签）"选项，并设置名称为"text6"标签，选择"仅对该文档"选项，然后单击【确定】按钮。

5. 弹出【text6 的 CSS 规则定义】对话框，选择"类型"项目，然后设置大小为 14px、粗细为粗体、颜色为"#0099FF"，然后单击【确定】按钮。

6. 在【CSS 样式】面板中再次单击【新建 CSS 规则】按钮 ，弹出【新建 CSS 规则】对话框后，选择"类（可应用于任何标签）"选项，并设置名称为"text7"标签，选择"仅对该文档"选项，然后单击【确定】按钮。

7. 弹出【text7 的 CSS 规则定义】对话框，选择"类型"项目，然后设置大小为 13px、颜色为"#0000FF"，然后单击【确定】按钮。

8. 最后分别为网页右下方存档区中的年份标题套用"text6"样式，为其他所有月份文本套用"text7"样式。

第 11 章　网站留言板设计

教学目标

以网站留言板为例，熟悉和掌握动态网站功能的设计与开发。

教学重点与难点

➢ 留言板的分析
➢ 配置本地站点
➢ 创建数据库和数据表
➢ 设置数据源和 DSN
➢ 设计表单并验证表单对象
➢ 制作留言板的功能模块

11.1　留言板设计分析

网站留言板是目前动态网站中最常见的功能模块之一，它可以帮助站主和浏览者进行相互的交流，同时也是网络用户相互沟通的重要工具之一。浏览者在留言板上发布留言后，留言的信息将提交到数据库，同时显示在网页上，其他浏览者和站点管理员可以通过留言板查看留言内容，并可以对留言进行回复。经过这样的过程，浏览者和浏览者、浏览者和站点管理员即可轻松实现互相沟通的目的。

本章将以"衣秀"网站的留言板为例，详细介绍设计网站留言板的方法和过程。在本实例中，详细介绍提交表单数据、在页面中显示重复的数据记录、添加记录导航、有条件地显示区域、转到详细页面、设置动态超链接等内容。

11.1.1　留言板设计重点

开发网站留言板，离不开发布留言、显示留言和回复留言的制作。下面介绍一些开发网站留言板的关键。

（1）由于留言板允许浏览者发布信息，并将发布的信息在网页上显示，所以必须提供一个提交信息和显示信息的渠道。

（2）因为要实现保存与显示信息，系统需要建立数据库，以保存浏览者提交的信息，而且通过数据库将信息在网页上显示，供网络用户浏览主题信息。

（3）网站上发布的主题多不胜数，如果全部在网页上显示，不但占用大量的空间，而且不方便管理主题。为此，可以设计一个专门用于显示发布主题的页面，并针对主题设计一个用于显示详细信息的页面，并提供进入详细信息页面的途径。

（4）留言板应为浏览者提供一个互相沟通的平台，即在浏览留言后允许回复留言，并将回复的内容在页面显示，为浏览者在同一个主题内讨论提供了条件。

11.1.2 留言板的逻辑结构

留言板由添加留言、显示留言和回复留言3个模块组成。浏览者可以通过留言板主界面进入添加留言模块中，通过表单发布留言。成功添加留言后将显示提交留言成功的信息，然后返回到添加留言板主页面。其他浏览者可以通过留言板主页面进入显示留言模块，查看留言内容并可以针对留言进行回复，回复后将返回显示留言信息页面，查看回复内容。如图11-1所示为留言板的逻辑结构。

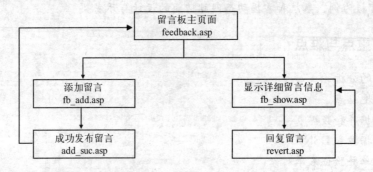

图 11-1　留言板的逻辑结构图

11.1.3 留言板系统页面介绍

留言板主页面是"feedback.asp"文件，该页面在没有留言时将会显示"目前本站还未添加留言"的说明。如果网站已经添加了留言，则该页面以表格形式显示出留言基本信息，包括留言标题、留言者、留言时间3项。如果留言较多，则以分页形式显示所有留言，可以通过导航条翻页浏览留言，如图11-2所示。

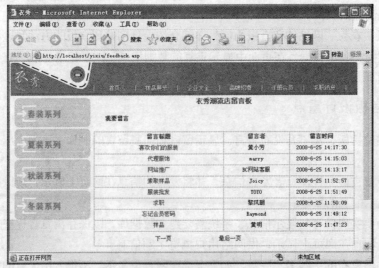

图 11-2　留言板主页面

单击留言板主页面的【我要留言】链接，即可进入添加留言页面"fb_add.asp"，可以在该页面的表单中填写留言信息，然后发布留言。留言发布成功后，将显示一个留言发布成功的提示页面，并可从该页面返回留言板主页面，如图11-3所示。

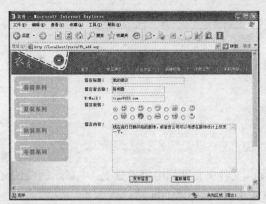
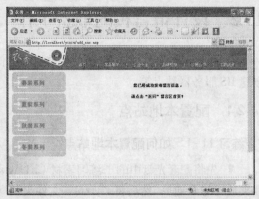

图 11-3　发布留言

　　返回留言板主页面后，该页面以分页的形式显示了所有留言的标题、留言者和留言时间，网友可通过导航条翻页查看留言基本信息。当需要阅读留言的详细信息时，可单击留言标题，即可进入留言的详细页面，如图 11-4 所示。

　　进入留言详细信息页面后，该页面将显示留言的详细内容，如图 11-5 所示。可以单击页面上方的"回复"链接，即可进入回复留言页面。

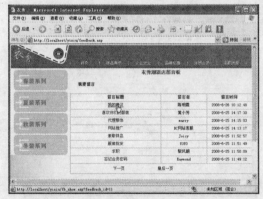

图 11-4　留言板主页面显示基本留言信息

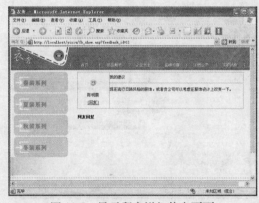

图 11-5　显示留言详细信息页面

　　进入回复留言页面后，该页面显示留言者和留言标题信息，回复留言的网友可以输入自己的名称和回复内容，然后单击【回复留言】按钮，即可回复当前留言。回复留言后将返回显示留言详细信息页面，并可以看到回复留言的内容，如图 11-6 所示。

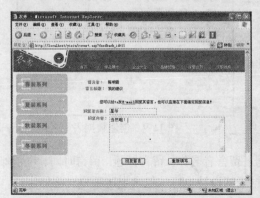

图 11-6　回复留言和查看回复留言的内容

11.2 设计留言板的准备工作

在设计留言板前，需要准备一些前提的工作，例如配置好站点、创建数据库、设置数据源、创建 IIS 服务器站点等。

11.2.1 配置本地站点

练习 11-1　如何配置本地站点

1 先将配套光盘中的"\练习素材\Ch11\yixiu"文件夹复制到电脑磁盘上（本章示例将该文件夹放置与 D 盘），然后将"yixiu"文件夹共享成为 IIS 服务器的网站。

2 打开 Dreamweaver CS3 软件，并通过站点定义对话框定义站点的本地信息，如图 11-7 所示。完成后，再定义测试服务器信息，结果如图 11-8 所示。

> **TIPS▶** 因为本例中本地站点的"yixiu"文件夹共享成为 IIS 服务器站点，所以测试服务器信息中的 URL 前缀设置为"http://localhost/yixiu"。

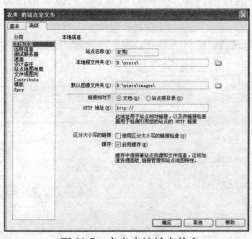
图 11-7　定义本地站点信息

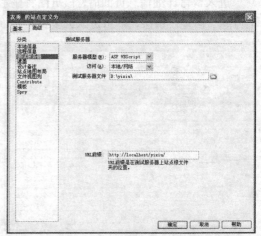
图 11-8　定义测试服务器信息

11.2.2 创建数据库

完成留言板逻辑结构的规划之后，接下来开始创建网站的数据库。由于浏览者发布留言和回复留言的内容需要保存到数据库中，所以分别创建用于保存留言数据的"feedback"数据表，以及用于保存回复数据的"revert"数据表。本例使用 Access 2003 软件创建上述两个数据表，结果如图 11-9 所示。

图 11-9　创建数据表

练习 11-2　如何创建数据库

1 在留言板中，留言表单主要包括留言编号、留言者名称、留言标题、留言时间、电子邮件地址、留言内容等项目，因此"feedback"数据表的设计也应该包含上述项目对应的字段，结果如图 11-10 所示。

2 在留言板中，回复留言的表单主要包括回复者名称和回复内容两个项目，因此"revert"数据表的设计也应该包含上述项目对应的字段，并添加回复编号和留言编号的字段，如图 11-11 所示。

图 11-10 设计"feedback"数据表　　　　图 11-11 设计"revert"数据表

3 创建上述两个数据表后，还需要将"revert"数据表的"feedback_time"字段的默认值设置为"Now()"，以便可以让该字段获取留言提交的当前时间，如图 11-12 所示。另外需要将创建的数据库命名为"feedback.mdb"，并将数据保存在"yixiu"文件的"database"文件夹内。

图 11-12 设置"feedback_time"字段的默认值

创建数据表后，还需要将两个数据表建立关联，即创建表关系。在多个数据表中，如果需要将多个表的数据建立关联，就要求字段必须互相协调，如此它们才能显示相同的字段信息，这种协调就是通过表之间的关系来实现的。

表关系是通过匹配键字段中的数据来建立，键字段通常是两个表中使用相同名称的字段。在大多数情况下，两个匹配的字段中一个是所在表的主键，对每一记录提供唯一的标识符，而另一个是所在表的外键。

练习 11-3 如何创建表关系

1 打开数据库文件，然后在数据库的【表】对象窗口上单击右键，并在打开的菜单中选择【关系】命令，接着在打开的【显示表】对话框上选择所有数据表，最后单击【添加】按钮，再单击【关闭】按钮，如图 11-13 所示。

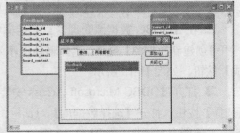

图 11-13 添加表到关系布局

2 打开【关系】窗口后，选择【关系】|【编辑关系】命令，打开【编辑关系】对话框后，单击【新建】按钮，通过打开的【新建】对话框编辑后表关系，返回【编辑关系】对话框后，单击【联接类型】按钮，并设置联接属性，最后返回【编辑关系】对话框，单击【创建】按钮即可，如图 11-14 所示。

图 11-14　创建表关系并设置联接属性

 联接是指表格或查询中的字段与另一表格或查询中具有同一数据类型的字段之间的关联，它向程序说明了数据之间的关联方式。根据联接的类型，不匹配的记录可能被包括在内，也可能被排除在外。

3 在【关系】窗口中定义关系的联接类型并不影响关系本身，在 Access 数据库中创建基于相关表的查询时，它设置的联接类型将用作默认值。联接包括"内部联接"、"左外部联接"和"右外部联接"三种类型，具体说明如下：

- **内部连接**：只有当连接字段中的值符合指定条件时，两个表的记录才会组合在一个查询结果中。在查询中，默认的连接是内部连接，即只有当连接字段的值相匹配时，才会选择记录。
- **左外部联接**：在这种外部联接中，即便在右边表的联接字段中没有匹配值，所有来自查询的 SQL 语句中的 LEFT JOIN 操作左侧的记录也都将添加到查询的结果中。
- **右外部联接**：在这种外部联接中，即便在左边表的联接字段中没有匹配值，所有来自查询的 SQL 语句中的 RIGHT JOIN 操作右侧的记录也都将添加到查询的结果中。

11.2.3　设置数据源并指定 DSN

完成数据库表的创建后，便可通过开放式数据库连接（ODBC）驱动程序将数据库指定为数据源，然后使用已创建的数据库与动态网页建立关联，即指定数据源名称（DSN），以实现由网页对数据库的访问和管理，为数据传输提供连接通道。

练习 11-4　如何设置数据源并指定 DSN

1 通过控制面板打开【管理工具】窗口，由该窗口打开【ODBC 数据源管理器】窗口。

2 在【ODBC 数据源管理器】对话框中单击【系统 DSN】选项卡，单击【添加】按钮，打开【创建新数据源】窗口，选择驱动程序为 "Microsoft Access Driver (*.mdb)" 然后单击【完成】按钮，如图 11-15 所示。

3 打开【ODBC Microsoft Access 安装】对话框，先输入数据源名为 "feedback"，再单击【选择】按钮，打开【选择数据库】对话框，选择上一小节创建的数据库，最后单击【确定】按钮，关闭所有对话框，如图 11-16 所示。

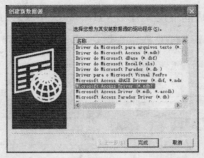

图 11-15　添加数据源

图 11-16　选择数据库

4 返回 Dreamweaver CS3 编辑界面，然后在【文件】面板中打开"feedback.asp"文件，按下 Ctrl+Shift+F10 快捷键打开【数据库】面板后，单击面板上的 按钮，并在菜单中选择【数据源名称（DSN）】命令，打开【数据源名称（DSN）】对话框后，设置连接名称和数据源名称（DSN），最后单击【确定】按钮，如图 11-17 所示。

图 11-17　设置数据源名称

11.3　制作发布留言模块

发布留言模块包含"fb_add.asp"和"add_suc.asp"两个网页，其中"fb_add.asp"为发布留言的表单页面；"add_suc.asp"是成果提交表单后显示的页面。

11.3.1　制作发布留言表单页

本例先为"fb_add.asp"页面设计一个用于发布留言的表单，并将"文本字段"、"单选按钮"、"文本区域"和"按钮"4 种表单元件添加到表单内，同时在表单中添加一组表情图案，以提供网友选择发布留言的表情。

练习 11-5　如何制作发布留言表单页

1 通过 Dreamweaver CS3 的【文件】面板打开"fb_add.asp"文件，然后将光标定位在页面右边的单元格内，接着在【插入】工具栏中单击【表单】选项卡，并单击【文本字段】按钮，在打开的对话框中设置 ID 为【feedback_title】，最后单击【确定】按钮，如图 11-18 所示。

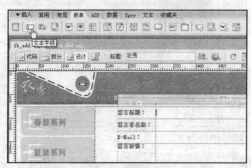

图 11-18　插入文本字段并设置 ID

2 选择新插入的"文本字段"对象，在【属性】面板中设置字符宽度为 35，并套用"STYLE46"类样式，如图 11-19 所示。

3 根据步骤 1 和步骤 2 的方法，分别在"留言者名称"和"E-Mail"内容右边的单元格中插入"文件字段"元件，并设置 ID 为"feedback_name"和"feedback_email"，分别设置其字符宽度为 25、类为【STYLE46】，结果如图 11-20 所示。

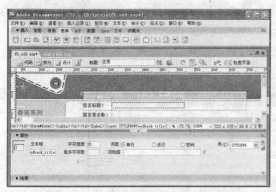

图 11-19　设置字符宽度和类样式　　　　图 11-20　插入其他文字字段的结果

4 将光标定位在"留言表情"项目右边的单元格内，然后选择【插入记录】|【图像】命令，打开【选择图像源文件】对话框，打开网站的"messface"文件夹，再选择"01.gif"图像，单击【确定】按钮，打开【图像标签辅助功能属性】对话框后，单击【取消】按钮即可，如图 11-21 所示。

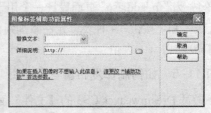

图 11-21　插入图像

5 依照步骤 4 的方法，在该单元格中分两行插入 "messface" 文件夹中的其他图像素材，结果如图 11-22 所示。

6 将光标定位在第一个图像左侧，然后单击【单选按钮】按钮，插入单选按钮元件，打开【输入标签辅助功能属性】对话框后，单击【取消】按钮即可，如图 11-23 所示。

图 11-22　插入表情图像

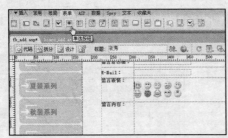

图 11-23　插入单选按钮对象

7 选择插入的 "单选按钮" 对象，然后通过【属性】面板设置其 ID 为 "feedback_face"，再设置选定值为 "01.gif"、初始状态为【已勾选】项，如图 11-24 所示。

8 根据步骤 7 的方法，分别在其他图像的左侧插入单选按钮对象，再通过【属性】面板设置 ID 都为 "feedback_face"、初始状态为【为选中】，并依次设置选定值为 "02.gif"、"03.gif"、"04.gif"、"05.gif"、"06.gif"、"07.gif"、"08.gif"、"09.gif"、"10.gif"，结果如图 11-25 所示。

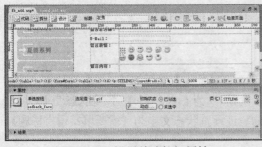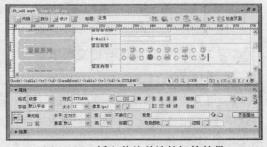

图 11-24　设置单选按钮属性　　　　图 11-25　插入其他单选按钮的结果

9 将光标定位在 "留言内容" 项目右边的单元格内，然后单击【文本区域】按钮，打开【输入标签辅助功能属性】对话框后，单击【取消】按钮即可，如图 11-26 所示。

图 11-26　插入文本区域对象

10 选择新插入的元件，通过【属性】面板将其命名为"feedback_content"，再设置【字符宽度】和【行数】分别为 60 和 10、类为【STYLE46】，如图 11-27 所示。

11 将光标定位于表格最下方的单元格，然后单击【按钮】按钮▭，并通过【属性】面板设置值为【发布留言】、动作为【提交表单】、类为【STYLE46】，如图 11-28 所示。

12 依照步骤 11 的方法，再插入一个按钮对象，并设置该按钮对象的值为【重新填写】、动作为【重设表单】、类为【STYLE46】，使用空格分开两个按钮，结果如图 11-29 所示。

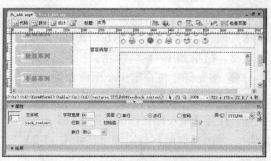

图 11-27 设置文本区域的属性

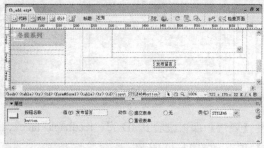

图 11-28 插入"发布留言"按钮

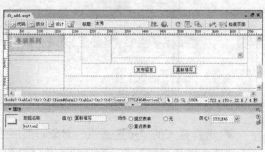

图 11-29 插入"重新填写"按钮

11.3.2 验证与提交表单

制作表单页后，可以使用 Spry 验证对象验证表单项目，以避免错误或漏填内容。验证完成后，即可添加"插入记录"的服务器行为，将表单与数据库的表字段建立关联，以便可以将表单信息提交到数据库内。

练习 11-6 如何验证与提交表单

1 选择"留言标题"项目右边的文本字段，然后在【插入】面板的【表单】选项卡上单击【Spry 验证文本域】按钮，接着在【属性】面板上设置 ID 为【spry_title】、预览状态为【必填】，并选择【必需的】复选框，最后修改文本字段后的验证预览状态文字为【需要填写留言标题】，结果如图 11-30 所示。

2 使用步骤 1 的方法，分别为"留言者名称"和"E-Mail"项目右边的文本字段添加 Spry 验证文本域，并分别设置 Spry 验证文本域的 ID 为【spry_name】和【spry_email】，设置预览状态为【必填】，选择【必需的】复选框，最后修改对象的验证预览状态文字，结果如图 11-31 所示。

图 11-30 添加 Spry 验证文本域

图 11-31 添加其他 Spry 验证文本域

3 选择"留言内容"项目右边的文本区域，然后在【插入】面板的【表单】选项卡上单击【Spry 验证文本区域】按钮，接着在【属性】面板上设置 ID 为【spry_content】、预览状态为【必填】，并选择【必需的】复选框，最后修改文本字段后的验证预览状态文字为【需要填写留言内容】，如图 11-32 所示。

图 11-32　添加 Spry 验证文本区域

4 按下 Ctrl+F9 快捷键打开【服务器行为】面板，单击面板上的➕按钮，并从打开的菜单中选择【插入记录】命令，如图 11-33 所示。

5 打开【插入记录】对话框后，选择连接为【feedback】，然后指定插入记录后转到的目标网页为"add_suc.asp"，分别设置表单元素对应的数据表字段，最后单击【确定】按钮即可，如图 11-34 所示。

图 11-33　添加"插入记录"服务器行为

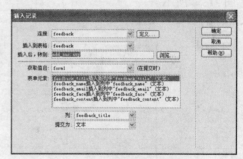

图 11-34　设置插入记录选项

6 设置完插入记录选项后，按下 Ctrl+S 快捷键保存网页，然后按下 F12 功能键打开浏览器预览网页，并在表单中填写留言信息，填写完后单击【发布留言】按钮，将留言提交到数据库，如图 11-35 所示。

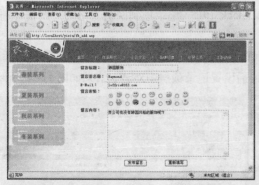

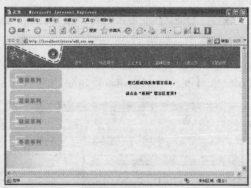

图 11-35　发布留言

11.4　制作显示留言模块

显示留言模块包括了将留言标题显示在留言主界面"feedback.asp"页上，当网友单击标题即转到显示留言的详细页面"fb_show"上，本节将制作上述两个页面，并为它们建立链接上的关联。

11.4.1 制作显示留言标题页

留言板的主界面要显示留言的标题、留言者和留言时间，在制作上需要将数据库中相关的字段数据插入到主界面页面上，因此需要先为网页绑定记录集，以便网页可以与数据库的表绑定，并将表中的记录项插入页面，接着为插入的记录项设置跳转到详细页面的链接，让网友可以单击记录项即可转到留言详细页面。

练习 11-7 如何制作显示留言标题页

1 通过 Dreamweaver CS3 的【文件】面板打开"feedback.asp"文件，然后按下 Ctrl+F10 快捷键打开【绑定】面板，再单击 ⊞ 按钮，并从打开的菜单中选择【记录集（查询）】命令，如图 11-36 所示。

2 打开【记录集】对话框，设置【名称】、【连接】和【表格】都为"feedback"，然后在【排序】栏中选择【feedback_id】选项，并设置其排序为【降序】，最后单击【确定】按钮，如图 11-37 所示。

图 11-36　绑定记录集

图 11-37　设置记录集

TIPS▶ 在步骤 2 绑定记录集的操作中，设置以"feedback_id"字段作为排序依据，网页中所显示的数据库信息将根据该字段（数据类型为"自动编号"）以降序的方式一一排列。

3 在【绑定】面板中打开记录集，将"feedback_title"记录项到网页表格的"留言标题"下方单元格中，如图 11-38 所示。

4 依照步骤 3 的方法，再分别为表格中的"留言者"和"留言时间"下方单元格添加"feedback_name"和"feedback_time"记录项，最后设置记录项居中对齐，结果如图 11-39 所示。

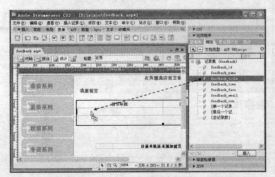

图 11-38　插入"feedback_id"记录项

图 11-39　插入其他记录项

5 在表格的"留言标题"下方单元格中选择"feedback.feedback_title"记录项，然后切换至【服务器行为】面板，单击⊞按钮，并从打开的菜单中选择【转到详细页面】命令，如图 11-40 所示。

6 打开【转到详细页面】对话框后，先指定详细信息页为"fb_show.asp"文件，然后设置【记录集】为"feedback"，再选择【列】为"feedback_id"，最后单击【确定】按钮，如图 11-41 所示。

图 11-40　添加"转到详细页面"服务器行为

图 11-41　设置转到项目页面选项

11.4.2　添加重复区域和导航条

当留言板的内容多了以后，显示留言标题的页面就不能只显示一条留言记录，而需要将所有的留言记录显示出来。因此需要为显示留言标题的表格设置重复区域，以显示所有的留言记录标题。

另外，当留言记录很多时，如果全部显示在页面上就会占用大量的空间。因此设置留言的重复区域后，还需要为留言添加记录集导航条，以设置在页面上显示固定数目的留言记录，未能显示的可以通过记录导航条进行翻页显示。添加重复区域和记录导航的结果如图 11-42 所示。

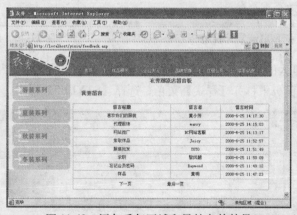

图 11-42　添加重复区域和导航条的结果

练习 11-8　如何添加重复区域和记录导航

1 打开"feedback.asp"文件，然后将鼠标移至表格的第 2 行左侧，单击选择第 2 行单元格，接着在【服务器行为】面板中单击⊞按钮，并从打开的菜单中选择【重复区域】命令，如图 11-43 所示。

2 打开【重复区域】对话框，选择记录集为【feedback】，设置显示 8 条记录，最后单击【确定】按钮，如图 11-44 所示。

图 11-43　添加"重复区域"服务器行为　　　　图 11-44　设置重复区域选项

3 定位光标在表格下方的单元格中，将【插入】工具栏切换至【数据】选项卡，然后单击【记录集分页】按钮打开下拉选单，选择【记录集导航条】命令，如图 11-45 所示。

4 打开【记录集导航条】对话框，设置记录集为【feedback】，再设置显示方式为【文本】，然后单击【确定】按钮，如图 11-46 所示。

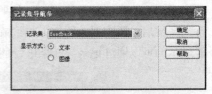

图 11-45　插入记录集导航条　　　　　图 11-46　设置记录集导航条

5 向右拖动所插入的导航条表格右边边框，增加导航条表格宽度，然后选择该表格的所有单元格，在【属性】面板中打开【样式】菜单，选择【STYLE5】样式，如图 11-47 所示。

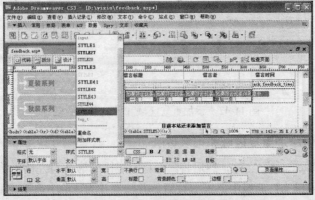

图 11-47　调整表格宽度并套用样式

11.4.3　设置留言板的显示区域

当数据库没有留言记录，即还没有发布的留言时，就没有记录显示在留言板页面上，此时包含留言记录项的表格就没有必要显示，只显示一个没有留言的说明就可以了。当有留言记录时，则不显示说明，而直接显示包含留言记录项的表格。为了实现这个目的，可以为表格和说明内容添加"显示区域"服务器行为，以控制它们的显示时机。

练习 11-9　如何设置留言板的显示区域

1　打开"feedback.asp"文件，然后选择页面中的说明内容所在的表格，在【服务器行为】面板中单击⊞按钮，并从打开的菜单中选择【显示区域】|【如果记录集为空则显示区域】命令，如图 11-48 所示。

2　打开【如果记录集为空则显示区域】对话框，设置记录集为【feedback】，然后单击【确定】按钮，如图 11-49 所示。

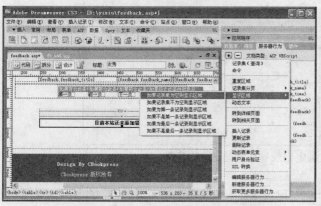

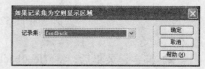

图 11-48　添加"显示区域"服务器行为　　　　　图 11-49　选择记录集

3　选择用于排列留言信息的表格，然后在【服务器行为】面板中单击⊞按钮，并从打开的菜单中选择【显示区域】|【如果记录集不为空则显示区域】命令，如图 11-50 所示。

4　打开【如果记录集不为空则显示区域】对话框，设置记录集为【feedback】，然后单击【确定】按钮，如图 11-51 所示。

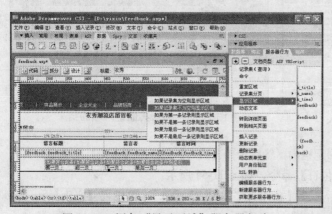

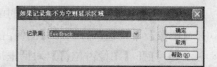

图 11-50　添加"显示区域"服务器行为　　　　　图 11-51　选择记录集

11.4.4 制作显示留言详细信息页

当网友在留言板主界面上看到留言的标题，可以单击标题打开该留言的详细信息页面。但留言记录超过 1 个时，怎么才能让打开的留言详细页是显示网友单击留言标题所对应的留言信息呢？

练习 11-10 如何制作显示留言详细信息页

1 打开 "fb_show.asp" 文件，按下 Ctrl+F10 快捷键打开【绑定】面板，单击⊞按钮并选择【记录集（查询）】命令，打开【记录集】对话框后，设置【名称】、【连接】和【表格】都为 "feedback"，设置筛选为【feedback_id】项，并选择 "URL 参数" 选项，同时设置参数值为 "feedback_id"，最后单击【确定】按钮，如图 11-52 所示。

图 11-52 绑定记录集并设置记录集筛选

2 绑定记录集后，将 "feedback_title" 记录项插入表格最上方单元格内，如图 11-53 所示。

3 依照步骤 2 的方法，在上方表格的其他单元格内插入 "feedback_name" 和 "feedback_content" 记录项，结果如图 11-54 所示。

图 11-53 插入记录项　　　　　　图 11-54 插入其他记录项的结果

4 将光标定位在页面左上方的单元格内，然后选择【插入】面板的【常用】选项卡，再打开【图像】下拉选单，选择【图像占位符】命令，如图 11-55 所示。

5 打开【图像占位符】对话框后，设置名称为 "feedback_face"，再设置【宽度】和【高度】都为 23，然后单击【确定】按钮，如图 11-56 所示。

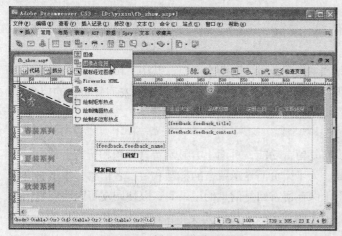

图 11-55　插入图像占位符

图 11-56　设置图像占位符选项

6 从【绑定】面板中拖动 "feedback_face" 记录项到新插入的 "图像占位符" 上，通过图像占位符显示该记录项，如图 11-57 所示。

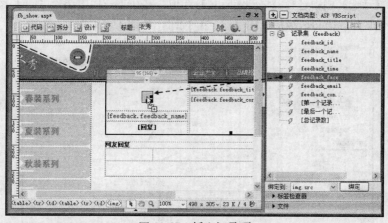

图 11-57　插入记录项

7 选择 "图像占位符" 对象，然后在【属性】面板的【源文件】栏中已设置的源文件内容前加入 "messface/" 文字，以修改表情符号的源文件位置，如图 11-58 所示。

图 11-58　更改源文件路径

11.5 制作回复留言模块

回复留言模块包括"revert.asp"和"fb_show.asp"两个网页，其中"revert.asp"网页用于提供网友回复留言；"fb_show.asp"网页除了显示留言信息外，还显示网友回复留言的信息。

11.5.1 制作回复留言页

留言回复页面"revert.asp"提供回复留言功能，页面上方显示留言标题和留言者信息，页面下方则是用于填写回复信息的表单。为了让页面显示留言的标题和留言者信息，本例将绑定保存留言信息的记录集，同时绑定用于保存留言回复信息的记录集，以便网友可以将回复信息提交到数据库。此外，还为页面设置电子邮件链接，提供为发布留言者发送电子邮件的功能。

练习 11-11 如何制作回复留言页

1 打开"revert.asp"文件，然后按下 Ctrl+F10 快捷键打开【绑定】面板，单击⊞按钮打开下拉选单，并选择【记录集（查询）】命令，设置【名称】、【连接】和【表格】都为【feedback】选项，接着在【筛选】栏中选择【feedback_id】选项，并在下一栏中选择【URL 参数】选项，再输入"feedback_id"语句，最后单击【确定】按钮，如图 11-59 所示。

图 11-59　绑定记录集并设置记录集

2 在【绑定】面板上单击⊞按钮，打开下拉选单后选择【记录集（查询）】命令，在其是设置名称为【revert】、连接为【feedback】、表格为【revert】，然后在【筛选】栏中选择【revert_name】选项，并在下一栏中选择【URL 参数】选项，最后单击【确定】按钮，如图 11-60 所示。

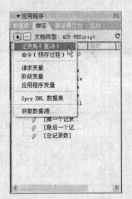

图 11-60　绑定记录集并设置记录集

3 打开 "feedback" 记录集，然后将 "feedback_name" 记录项和 "feedback_title" 记录项插入到页面上，结果如图 11-61 所示。

4 将光标定位在表单的 "回复留言" 按钮左边，在【插入】面板的【表单】选项卡中单击【隐藏域】按钮 🖾，如图 11-62 所示。

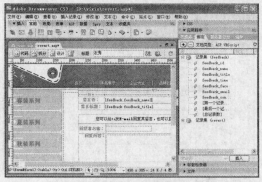

图 11-61　插入记录项

图 11-62　插入隐藏域对象

5 选择 "隐藏域" 对象，然后通过【属性】面板将其命名为 "feedback_id"，再单击【值】栏中的 🖉 图示按钮，打开【动态数据】对话框后，在【域】中选择 "feedback_id" 字段，单击【确定】按钮，如图 11-63 所示。

图 11-63　设置隐藏域名称和动态数据

6 按下 Ctrl+F9 快捷键打开【服务器行为】面板，单击面板上的 ⊞ 按钮，打开下拉选单后选择【插入记录】命令，在其中设置连接为【feedback】、插入到表格为【revert】选项，再设置插入后转到的目标文件，最后设置表单元素对应的字段，并单击【确定】按钮，如图 11-64 所示。

图 11-64　设置插入记录选项

7 在网页的表格中选择"E-mail"文本内容，然后单击【属性】面板【链接】栏上的【浏览】按钮，打开【选择文件】对话框，先选择【选取文件名自】栏的【数据源】单选项，接着在【域】中选择"feedback_email"记录项，并在【URL】栏中已设置的地址内容前输入"mailto:"文字，最后单击【确定】按钮，如图11-65所示。

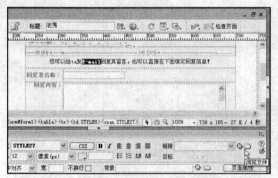

图 11-65　设置电子邮件链接

11.5.2　编辑显示留言页

制作回复留言页后，还可以为显示留言页和回复留言页设置关联，让网友可以通过显示留言页进入回复留言页，而回复留言的内容将显示在显示留言页上。在制作过程中还需要为回复留言表格设置重复区域和记录导航条，以显示多个回复记录。另外，为了避免在没有回复留言时显示回复留言内容的表格，本例还为显示回复留言内容的表格添加"显示区域"服务器行为，设置显示与隐藏该表格的条件。

练习 11-12　如何编辑显示留言页

1 打开"fb_show.asp"文件，然后选择网页上方表格中的"[回复]"文本，再切换至【服务器行为】面板，单击按钮打开下拉选单，选择【转到详细页面】命令，如图11-66所示。

图 11-66　添加"转到详细页面"服务器行为

2 打开【转到详细页面】对话框后，指定详细信息页，然后设置记录集为【feedback】，再设置列为【feedback_id】，最后单击【确定】按钮，如图11-67所示。

3 切换到【绑定】面板，单击⊞按钮打开下拉选单，并选择【记录集（查询）】命令，在其中设置名称为【revert】、连接为"feedback"、表格为【revert】，接着在【筛选】栏中选择【feedback_id】选项，并在下一行选择【URL 参数】选项，同时设置参数值为【feedback_id】，设置排序为【rpost_id】、顺序为【降序】，最后单击【确定】按钮，如图 11-68 所示。

图 11-67 设置转到详细页面选项

图 11-68 绑定记录集

4 打开"revert"记录集，然后将"revert_name"记录项和"revert_content"记录项插入到页面上，结果如图 11-69 所示。

图 11-69 插入记录项的结果

5 将鼠标移至网页下方表格的第 1 行左侧，再单击选择整行单元格，然后在【服务器行为】面板中单击⊞按钮打开下拉选单，并选择【重复区域】命令，如图 11-70 所示。

图 11-70 添加"重复区域"服务器行为

6 打开【重复区域】对话框后，设置记录集为"revert"，再设置显示 5 条记录，然后单击【确定】按钮，如图 11-71 所示。

7 将光标定位在网页下方表格的第 2 行单元格中，将【插入】工具栏切换至【数据】选项卡，再打开【记录集分页】下拉选单，并选择【记录集导航条】命令，如图 11-72 所示。

图 11-71 设置重复区域选项

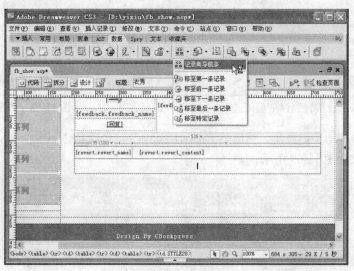

图 11-72 添加记录集导航条

8 打开【记录集导航条】对话框后，设置记录集为【revert】，再设置显示方式为【文本】，然后单击【确定】按钮，如图 11-73 所示。

9 向右拖动所插入的导航条表格右边边框，增加导航条表格宽度，然后选择该表格的所有单元格，在【属性】面板中设置单元格文本的大小为 12，如图 11-74 所示。

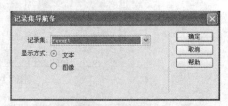

图 11-73 设置记录集导航条选项

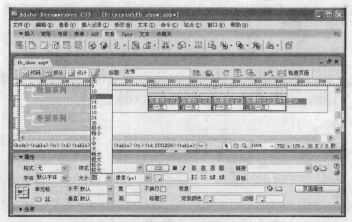

图 11-74 调整表格宽度和文本大小

10 选择网页中用于条列回复信息的表格,再切换至【服务器行为】面板,单击⊞按钮打开下拉选单,并选择【显示区域】|【如果记录集不为空则显示区域】命令,在其中设置记录集为"revert",最后单击【确定】按钮,如图 11-75 所示。

11 经过上述的操作后,网站的留言板系统就完成设计了,可以从"feedback..asp"网页开始测试。

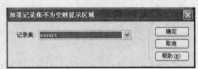

图 11-75　添加并设置"显示区域"服务器行为

11.6　本章小结

本章以"衣秀"网站的留言板系统为例,介绍了有关开发网站动态功能的方法。在本章中,先分析了留言板的设计、结果和各个页面,再从基本的准备工作讲起,详细介绍留言板各个模板的制作。通过本章的学习,可以掌握各种制作动态网页的方法。

11.7　本章习题

一、填充题

1. 在数据表的字段中设置默认值为"Now()",目的是让字段_____。
2. 联接包括_____、_____、_____三种类型。
3. 添加_____服务器行为,可以将表单与数据库的表字段建立关联。
4. _____是通过匹配键字段中的数据来建立,键字段通常是两个表中使用_____的字段。

二、选择题

1. 联接包括左外部联接、右外部联接和哪个联接类型?　　　　　　　　　　(　　)
　　A. 外部联接　　　　B. 内部联接　　　　C. 文本联接　　　　D. 域联接
2. 按下哪个快捷键打开【数据库】面板?　　　　　　　　　　　　　　　(　　)
　　A. Ctrl+ F10　　　B. Ctrl+Alt+F10　　C. Shift+F10　　　D. Ctrl+Shift+F10
3. 制作表单页后,为避免网有漏填内容,可以使用什么方法来验证表单对象?　(　　)
　　A. 添加提示文字　　　　　　　　　B. 添加服务器行为
　　C. 添加 Spry 验证　　　　　　　　D. 添加弹出窗口

三、练习题

练习内容：在网页中设计记录集导航条

练习说明：先将配套光盘中的"\练习素材\Ch11\practice"文件夹定义成本地站点，并设置测试服务器，再共享成 IIS 服务器站点，接着指定该文件夹的数据库文件为数据源，并在 Dreamweaver CS3 中指定数据源名称。完成上述的处理后，在 Dreamweaver CS3 中打开"feedback.asp"网页，然后在页面添加"图像"显示方式的记录集导航条，最终效果如图 11-76 所示。

图 11-76　最终效果图

操作提示：

1. 先将配套光盘中的"\练习素材\Ch11\practice"文件夹定位为本地站点，然后打开"feedback.asp"练习文件，并将光标定位在留言记录项下方的单元格内，接着单击【记录集分页】按钮<sup>，并从打开的菜单中选择【记录集导航条】命令。

2. 打开【记录集导航条】对话框后，设置记录集为【feedback】，然后选择显示方式为【图像】，最后单击【确定】按钮即可。

部分习题参考答案

第1章

一、填空题

1. Spry 数据　Spry 窗口组键　Spry 框架　Spry 效果
2. XML 数据集　Spry 区域　Spry 重复项　Spry 重复列表　Spry 表
3. CSS Advisor 网站　CSS 布局　CSS 管理
4. 工具栏　检查器　面板
5. 文件　编辑　查看　插入记录　修改　文本　命令　站点　窗口　帮助
6. 标准　编码　样式　编码
7. 常用　布局　表单　Spry　文本　制表符　菜单
8. 代码　代码　拆分
9. 属性检查器　文本属性
10.【文件】|【新建】　Ctrl+N

二、选择题

1. D　　2. D　　3. B　　4. D　　5. C

第2章

一、填空题

1. HTML　文字编辑器
2. 运行 Web 服务器的计算机上
3. 测试服务器　测试　协作　发布
4. 基本　高级
5. IIS
6. index　default
7. 结构图　层级关系
8. 200　125

二、选择题

1. D　　2. C　　3. A　　4. C　　5.A

第3章

一、填空题

1. 横跨　伸缩
2. 宋体　新宋体
3. 立方色　连续色调　Windows 系统　Mac 系统　灰度等级
4. 硬件环境　操作系统　浏览器

5. Shift+Enter

6. 左对齐　居中对齐　右对齐　两端对齐

7. 检查拼写

8. Shift+F7

9. 编辑│查找和替换

10. Ctrl+F

二、选择题

1. A　　2. B　　3. D　　4. B　　5. C

第4章

一、填空题

1. 在"布局"表格模式下，通过【插入】面板的"布局"选项卡中使用"绘制布局表格"和"绘制布局单元格"功能在网页以拖动方式进行绘制。

2. JPEG　GIF　PNG

3. 可见的　不可见

4. 一个布局表格绘制在另一个布局表格中

5. HTML 表格　表格式数据　对文本　图形

6. 页面　表格外的其他对象

7. 背景颜色　背景图像

8. 直行合并　横列合并

二、选择题

1.D　　2.B　　3.A　　4.B　　5.C

第5章

一、填空题

1. Gif　JPEG　PNG

2. 编辑　优化　裁剪　重新取样　亮度和对比度　锐化

3. 对比度　清晰度或锐度

4. 图像占位符　图像占位符

5. 主图像　次图像　主图像　次图像

6. 一般状态　鼠标经过　按下鼠标键　按下鼠标键经过图像

7. 直接插入法　代码法　插件法

二、选择题

1. A　　2. D　　3. C　　4. A　　5.B

第6章

一、填空题

1. Cascading Style Sheets　层叠样式表　风格样式表

2. W3C 组织　CSS 1.0　CSS 2.0

3. 选择器　声明

4. 类　标签　高级

5. <head>　<style>

6. 分页　指针　滤镜

7. link　href

二、选择题

1. B　　2. B　　3. C　　4. D　　5. B

第 7 章

一、填空题

1. 浏览器窗口中的一个独立的区域　网页

2. 在一个框架集内插入另外的框架集

3. 框架集　主框架　左右框架　上下框架

4. 浮动框架及其内容是以嵌入的方式插入到现有的网页中

5. 被分为多个区域（或称"热点"）　热点

6. 插入命令锚记　创建锚记链接

二、选择题

1. C　　2. D　　3. B　　4. B　　5. C　　6. D

第 8 章

一、填空题

1. Ctrl　连续　多个

2. 绝对定位　浮动

3. 堆叠顺序　越前

4. 事件　事件　动作　事件　动作

5. 浏览器　执行了某种操作

6. 客户端 JavaScript　浏览器　服务器

二、选择题

1. C　　2. B　　3. C　　4. C　　5. C

第 9 章

一、填空题

1. IIS

2. 窗体

3. 页面元素　用户交互

4. 结构　行为　样式

5. 文本　备注　数字　日期/时间　货币　自动编号　是/否　OLE 对象　超链接　查阅向导

二、选择题

1. B   2. D   3. A   4. A

第 10 章

一、填空题

1. 颜色   图像
2. 右上边距   跟踪图像
3. 状态图像   鼠标经过图像   按下图像   按下时鼠标经过图像

二、选择题

1. C   2. A   3. C

第 11 章

一、填空题

1. 获取当前时间
2. 内部联接   左外部联接   右外部联接
3. 插入记录
4. 表关系   相同名称

二、选择题

1. B   2. D   3. C

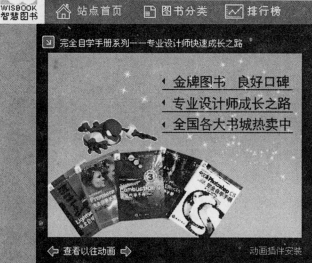

读者回函卡

亲爱的读者：

感谢您对海洋智慧IT图书出版工程的支持！为了今后能为您及时提供更实用、更精美、更优秀的计算机图书，请您抽出宝贵时间填写这份读者回函卡，然后剪下并邮寄或传真给我们，届时您将享有以下优惠待遇：

● 成为"读者俱乐部"会员，我们将赠送您会员卡，享有购书优惠折扣。

● 不定期抽取幸运读者参加我社举办的技术座谈研讨会。

● 意见中肯的热心读者能及时收到我社最新的免费图书资讯和赠送的图书。

姓 名：_____	性 别：□男 □女	年 龄：_____
职 业：_____		爱 好：_____
联络电话：_____		电子邮件：_____
通讯地址：_____		邮编：_____

1 您所购买的图书名：_____ 购买地点：_____

2 您现在对本书所介绍的软件的运用程度是在：□ 初学阶段 □ 进阶／专业

3 本书吸引您的地方是：□ 封面 □ 内容易读 □ 作者 □ 价格 □ 印刷精美

□ 内容实用 □ 配套光盘内容 其他 _____

4 您从何处得知本书：□ 逛书店 □ 宣传海报 □ 网页 □ 朋友介绍

□ 出版书目 □ 书市 其他 _____

5 您经常阅读哪类图书：

□ 平面设计 □ 网页设计 □ 工业设计 □ Flash动画 □ 3D动画 □ 视频编辑

□ DIY □ Linux □ Office □ Windows □ 计算机编程 其他 _____

6 您认为什么样的价位最合适：_____

7 请推荐一本您最近见过的最好的计算机图书：

书名：_____ 出版社：_____

8 您对本书的评价：_____

_____

9 您还需要哪方面的计算机图书，对所需的图书有哪些要求：

_____

地址：北京市海淀区大慧寺路8号716室 钱晓彬 收 邮编：100081 电话：010-62113858

Email：zhoujoy@126.com 传真：010-62174379 网址：www.wisbook.com 技术支持：www.wisbook.com/bbs

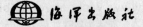